A COLLECTION OF
GREAT WORKS FOR THE 21TH
CHINA INTERIOR DESIGN GRAND PRIX

第二十一届中国室内设计大奖赛
优秀作品集

中国建筑学会室内设计分会　编

U0283397

江苏凤凰科学技术出版社

大赛评委

陈静勇

北京建筑大学设计艺术研究院　院长

王兆明

唯美设计、唯美同想设计咨询机构　创办人

孙华锋

河南鼎合建筑装饰设计工程有限公司

总经理、主设计师

孙天文

上海黑泡泡建筑装饰设计工程有限公司

总经理

林文格

深圳市文格室内设计有限公司　创意总监

璞·素度假酒店　联合创始人兼首席执

行官

目 录

工程类

A 酒店会所

B 餐饮

C 休闲娱乐

D 零售商业

E 办公

F 文化展览

G 大型公共建筑

方案类

H 教育医疗

I 住宅

J 概念创新

K 文化传承

L 生态环保

新秀奖

入选奖

A 酒店会所

B 餐饮

C 休闲娱乐

D 零售商业

E 办公

F 文化展览

G 大型公共建筑

H 教育医疗

I 住宅

J 概念创新

K 文化传承

L 生态环保

最佳设计企业奖

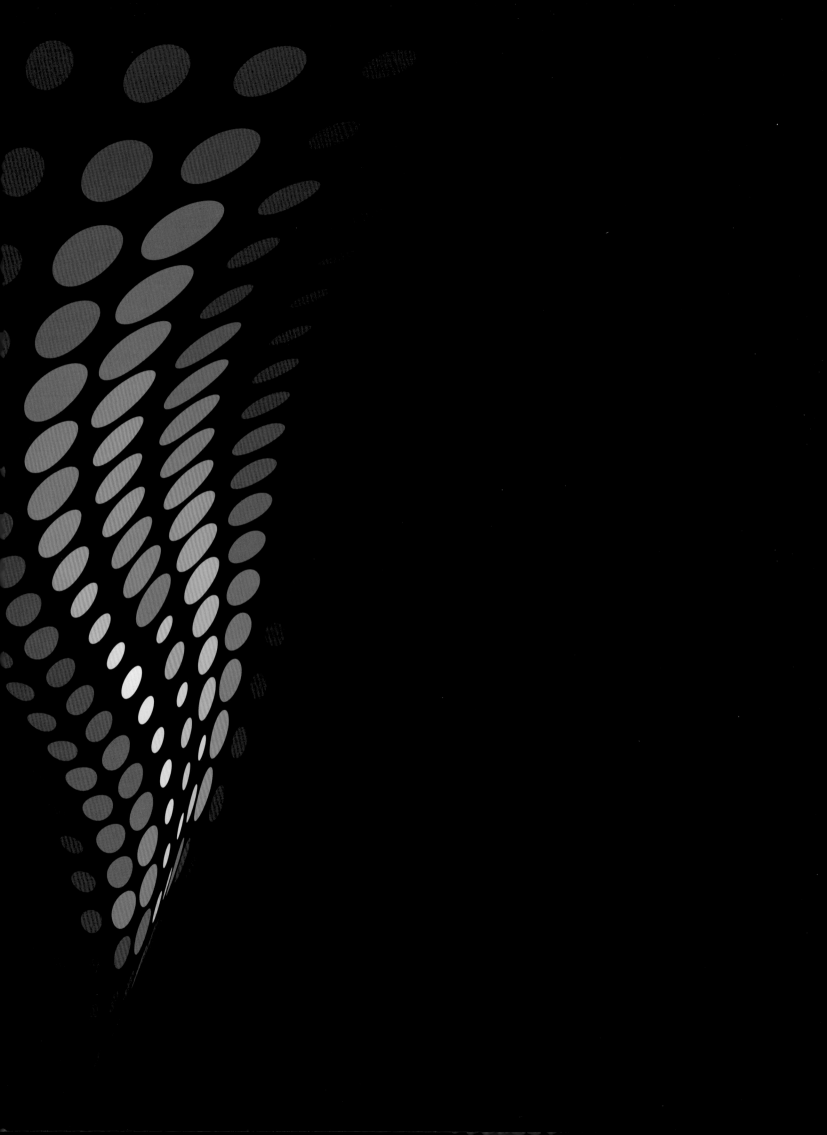

工程类

银奖

渝舍印象酒店

设计单位：上海本哲建筑设计有限公司
设计主创：蒋华健
设计团队：姚瑞艮、肖庭宏、廖三月

项目位于上海市复兴东路，毗邻豫园，故取谐音"渝舍印象"。这里原是一家旧招待所兼棋牌室，随着时代变迁和城市再造更新，业主希望在加固原有结构的基础上重新解构民宿含义。

原招待所由四栋旧楼组成，楼内空间狭小，光线不足，改造的重点便是空间重构，为原本狭小昏暗的空间引入自然光线。历经半年，设计师将旧宅解构、嫁接成一栋庭院相间、内外相连的复合建筑，由水岸造景、露台、客房、餐厅、茶室以及园林等部分组成，兼具民宿的使用功能和观景功能，讲究细节的精致打磨。在整体房屋格局修旧如旧的基础上，通过内饰和软装搭配，让昔日的上海里弄经历一次新旧交替的时代蝶变。

改造后的"渝舍印象"由两栋楼组成，设计从整合的角度梳理了文化、自然、建筑之间的关系。入口处以折叠迂回的青砖引入，成为公共空间与私密空间的过渡。参考北方四合院和上海小院的特点，设计

师大刀阔斧，在寸土寸金的上海市中心辟出一处院落，消除了建筑间的孤立状态，使客房、前厅大堂和咖啡厅在视觉上遥相呼应，院落的引入集中体现传统建筑的造园思想。大片窗户和钢板营造干净的冷色基调，与透出的暖黄光形成对比。正如"渝舍印象"的经营模式：采用酒店式的管理方法，彰显民宿的人文情怀。这里有书籍、音乐、咖啡和茶，懒懒地坐在舒服的沙发上，发呆、看书、聊天，坐上一下午。

民宿客房位于朝南的主楼内，楼内空间功能分区布局巧妙，恰到好处。中庭将楼道空间与露台以及后院全部打通，最大限度地拓宽空间视野。玻璃天窗保证客房公共区域的采光需求，一改老旧房屋的昏暗格局，铜质和实木相结合的楼梯承上启下。阳光射入天窗，辗转映射在二楼白墙上，透过挑空的中庭玻璃栈道照射到一楼水磨石地面，整个空间一气呵成。

设计师认为，民宿出彩于细节，也就是人们所说的见微知著，"渝舍印象"的美学就体现于用心极其考究。设计师有一套完整独立的美学理念，即便小摆设都是亲自挑选，一花一世界，一叶一菩提，富有诗意的设计师为 12 间房配上独一无二的名字：淳、源、澜、润、游、涵、淡、潺、浮、湉、漫、滋。每个房间有自己的风格和故事，欲将意义消解在文字里，成为一种温柔而坚韧的东方美感，人们一旦触动，就很难自拔。

"渝舍印象"共打造两个 loft 大跃层房间，满足城市民宿的刚需，分别取名"润"和"澜"。房间面积 55 平方米，利用高处做二层，一层有足够的空间做配套设施：开放式洗浴空间、休闲会客区等。楼上是休息区域，将工作休闲与休息区分隔开来，保证空间的私密性。楼顶的一扇电动斜顶天窗提供广阔清晰的视野，白天采光深度大而均匀，夜晚躺在床上，仿佛身处天空之城，伸手即够到天上的星星。

房间"淳"的主调是新中式风格，因其质朴敦厚而得名。房间里大大的玻璃落地窗，让你安静地看这个绿色的小世界，不去打扰院中生灵，毗邻闹市却大隐于市。

新中式风格设计中，采用简化的手法，体现中国传统文化内涵。古代的镜原以铜或铁铸成，现代设计师喜欢将未经过度加工的铜料与圆形镜面相组合，勾勒生活品质。简约的梳妆台遇见陶瓷大浴缸，木艺遇见铁艺，厚重的铜镜遇到琉璃玻璃窗，现代化设施遇到别出心裁的设计，这就是"渝舍印象"。

城市民宿除了硬件设施的完善，核心文化也至关重要。人们被民宿表达的情感所征服，践行它提出的理念，赞美它陈述的生活方式，认同它表达的人生态度。"渝舍印象"被称为精品民宿或文化民宿，平日生活在钢筋混凝土的城市里，闲来到此一游，便可享受便利的智能化设施，领悟温馨的人文情怀。

银奖
冬去春来会所

设计单位：上海黑泡泡建筑装饰设计工程有限公司
设计主创：孙天文
设计团队：张德杰、王有飞、刘栋、曹鑫第

"摆脱一切无需的设计语言，带来一种激动人心的东西——纯净。"

——卡马雷

我们今天生活在一个巨变的时代，从一无所有到物资丰富，但幸福感却并未因此而得到提升，反而更加浮躁和不安，这

源于内心缺少平静。这种平静，需要褪尽繁华之后才能得到。只有当物质被减少、压缩至精华时，才能带领我们进入精神层面，这便是项目设计的目标与追求。

在设计过程中，把建筑作为一种诗意的想象，着力展现人面对孤独时的泰然自若。设计师刻意回避偏商务的色调，使进

入空间的人宾至如归的感觉。极简主义的设计风格很容易走向高冷，为了避免冷漠，设计师注重材料的色彩和质地的选择。一方面，选用很浅、很淡的木饰面和地板，营造轻松、自在的空间氛围；另一方面，引入"透光的纸"，让光线变得柔和、温暖。这一切均源自一次与业主的谈话："我

希望这个空间像人一样，一个没有软肋但也没有铠甲的人，雅致且从容。"

空间的气质与韵味，从项目选址那一刻就已经隐含在场地的血脉里。不知道是先有环境还是先有建筑，建筑西、北两面的绿化非常好，而设计师在这两面并未替这栋建筑"开窗"，客观上形成了建筑与现有环境的疏离。因此，第一个念头就是把它打开，克服设计和施工困难，大胆采用远超正常尺寸的特制大尺寸中空玻璃。13块玻璃好像13幅巨画，室外的风景像画卷一样在人们面前展开，不同的时间段呈现不同的光影效果。后期呈现的动态画面远远超过13幅。无论"草长莺飞二月天"，还是"阴阴夏木啭黄鹂"，抑或"夜深风竹敲秋韵"，乃至"山意冲寒欲放梅"，都成为室内生活水乳交融的共同体。

没有是非取舍的干扰，只管行住坐卧，应机接物，心中静寂平安。在这个浮躁不安的喧嚣尘世，自然而然地拥有"松风十里时来往，笑揖峰头月一轮"的澄明、自在。

A

酒店会所

铜奖

一同山居

设计单位：雷恩（北京）建筑设计有限公司
设计主创：高斌

　　"一园一院，与山同居"，在毗邻武夷山景区的繁华街市中，侧身入巷，便能遇见"一同山居"。用建筑的语言来解读空间，以澄净、空渺的东方人文精神贯彻全案，是设计师的本心。入庭先有院，让到来的人放慢脚步，干净简洁的外墙线条、大面积的玻璃窗，没有多余的繁杂炫耀，让人与空间亲近自如。

　　敞开的大门，让室内外形成一个三层空间。入口的建筑与吊顶形成很好的延续，木质家具温润而素朴的气韵与门厅的材质相呼应，呈现似离而合的状态。大面积的玻璃与借景，桌案上的老物件，在当代与传统之间找到默契的平衡点。桌案后是连绵的水墨画，为水、为云、为山，缥缈烟雨中错落的远山远水。画卷下是有序的陈列柜，摆放业主的收藏品，列而不满，让空间更具层次与温度。

　　登堂入室，便是素净的砖墙与暖暖的炉火，仿佛回到家中，卸下一身的疲惫。烛火指引着前行的路，便是为晚归之人留

一盏灯。接待台与玄关柜的材质均由随型整板拼制而成，成为空间与自然的联结点，也体现设计师随性而细致的用心。窗前案几上的新绿与器型精致的茶具，述说着武夷与茶密不可分的天赐之缘，表达了自古由器而道、载道于器的文人观点。

三层的书吧是连接两栋建筑的中心部位，大面积的通透玻璃和原木书架随着不同时间的光线变幻，影影绰绰；轻柔的布质休闲家具，赋予空间静怡、谦和的气质。中间升起的炉火，即使在夜里也能舒适地享受度假时美好的阅读时光，隐隐透出东方人自有的纯净和风雅。

负一层餐厅的木线条在空间中巧妙地形成大尺度的延展，将线与面的关系、顶面与立面的关系完美地衔接。落地玻璃让整个酒店空间在任何一处都能享受阳光的恩泽，连负一层地下室都透着丝丝暖意。

物境、意境、心境是人们通常说的"三境"。屯田阁大套房打破酒店的传统布局方式，入室便是敞亮的茶室，用心铺设的茶席，等着归来之人烧开一壶水，冲出一室茶香。床铺对面便是落地玻璃，拉开窗帘，苍翠的大王峰尽在眼前，"茂林山谷，西向晴空，如观西方净土"，让人不禁沉浸其中。设计师再一次用轻松自然的手法，将空间与环境、人文与意境完美结合。

此外，酒店还设有屯田阁亲子房，质素干净的木质床头，让摆放在一起的床席倍感舒适，竹编吊灯、暖黄的灯光在墙上映出弧美的光影，窗前对坐的藤椅，窗外可见的青山与屋舍，仿佛回到姥姥家院落中的孩提时光。

"少即是多"，用物质上的"少"寻求精神上的"多"，是对大自然的敬畏，也是一种含蓄的精神气质。朱子阁大套房设在酒店的顶层，优美的弧线勾勒出吊顶简洁的线条，将建筑与室内空间完美契合，打造有温度的住宿空间。同时，把"多"的情感留下来，停留在与大自然的心灵对话中。回归最本真的生活状态，不忘初心，听雨落，看花开，悟出浅浅的东方雅韵。

酒店会所

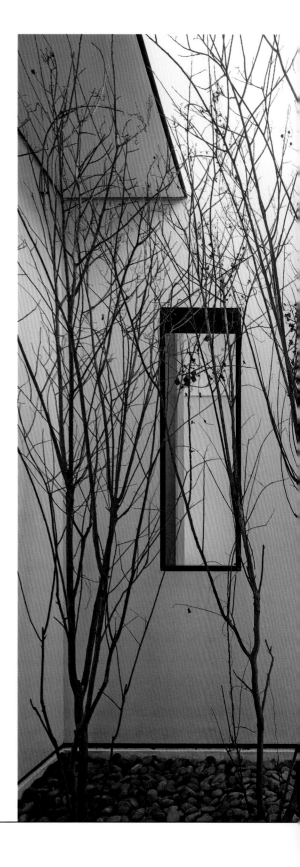

铜奖

海边的度假酒店

设计单位：广州市扉越建筑设计有限公司
设计主创：黄毅
设计团队：甘庆飞、卓锦万

　　从后现代主义开始，建筑学一直探索现代与传承之间的关系。可以从中国传统建筑中获取什么养分？如何打造具有中式风格的现代主义建筑？中国传统建筑的精华在于园林，园林来自山水画。山水画其实是蒙太奇，在二维的画面中讲述一个不同时空发生的连环故事，而园林就是还原这个故事的空间场景。

　　既然在意不在形，亭、台、楼、阁就是不同尺度比例的空间，重要的是"故事场景"。于是，设计师尝试"建筑内造园"，将人工造美和自然风光融为一体，创造一种自然天成之趣。西方传统建筑师、中国的造园者，无不内外兼修，不只建筑，种植、家具、艺术陈设无一遗漏。如此，设计这几套别墅客房，运用系统的营造方法，规划空间中的每一个起承转合，让人不出房门便获林泉之怡。

铜奖

"仓阁"——首钢工舍精品酒店

设计单位：中国建筑设计研究院有限公司

设计主创：曹阳、马萌雪

设计出发点

无论原始建筑如何陈旧，都是首钢厂区生产链条上不可或缺的环节。利用建筑的现有条件，植入新时代的功能形式，体现对工业遗址的尊重和首钢历史记忆的延续，同时，与2022年冬奥会"可持续发展理念"高度契合，为奥运会之后的空间再利用创造条件。

新旧并融的建筑逻辑

将原本三个独立的建筑在水平方向上连接在一起，保留原始建筑立面形式，将其内部开敞的空间与遗存的结构框架加以整合，形成服务于酒店功能的公共空间。

破除原始屋面，植入全新的钢结构系统，让客房部分从原始空间中"拔地而起"，形成服务于酒店功能的客房空间。整体外观宛如中国传统建筑形式中的楼阁，宽大舒展的楔形屋檐、蜿蜒曲折的竖向楼梯、水平伸展的外廊立面，登高远眺，可俯瞰整个奥组委办公区与首钢厂区遗址。

步移景异的空间意境

室内空间在新旧并融的建筑逻辑下进行延伸。内部空间主要分为公共服务空间与客房居住空间。公共服务空间包含北区大堂、大堂吧、三个通高中庭、南区全日餐厅、酒吧区、咖啡区和多功能厅。

北区大堂保留空压机站原始架设大型设备的混凝土柱基与楼板开洞，增加金属板和原木饰面板，整合功能界面，打破传统开敞式的酒店大堂设计形式，营造中式游廊般的空间意境，往来穿梭，交错在过去与现在。

通高中庭是新植入的结构所形成的错落式空间，屋顶采光天窗采用透光膜材料，光线均匀地漫射到整个客房的环形走廊，形成极具仪式感的塔型内腔。定制的艺术灯具从天窗下方垂落，宛如一片轻盈虚透的金属幔帐，柔化了空间的硬朗之感，并与原始工业遗存的粗犷形成鲜明的对比，为酒店注入新时代的时尚气息。

南区全日餐厅保留返矿仓原始的金属料斗与检修钢梯。原始料斗下部出料口改造成空调风口与照明光源，为就餐空间提供良好的功能设施。在人员频繁使用的就餐区与取餐区，温暖的原木饰面与浮游在空间中的环形灯具，打破了原始空间的冰冷与陈旧，增添了温馨与时尚的味道，原本简单的就餐

环境成为满载回忆与品谈的空间。

打通顶部的料斗内腔，人员可以自由流动，真切地体验这些庞然大物的历史沧桑。酒吧区设置在其中一个料斗中，通过对原始内腔的修复清理，以照明设施加以烘托，营造别样且有趣的空间体验。

酒吧区上方为酒店多功能厅空间，内部可以举办小型酒会沙龙、商务会议、文化展览等，并且可以与下层的酒吧区相结合，增加酒店未来多元化的经营模式。

明黄色的金属栏杆是串联整个空间的形式语汇，从建筑外立面延伸到室内的每个公共服务空间。跳跃的色彩活跃了硬朗、沉稳的空间特征，构成良好的装饰元素与视觉焦点。其造型取自原始厂区内的黄色警示栏杆，"旧物新作"的处理手法不失为既有建筑改造过程中的新型设计方式。

客房部分为建筑北区二至七层与南区五至七层空间，共计客房 133 间，主要分为标准户型（大床与双床）、套房户型和残疾人客房。由于原始建筑框架跨度的限制，户型开间较小，内部设计力求功能合理，布局简洁，以温暖的原木饰面与涂料为基础，配以改良后的工业风格灯具，简约时尚。客房卫生间利用水泥本色，结合预制水泥洗手台，塑造一体化的卫浴空间。内部的毛巾杆、浴巾架等设施同样进行精细化的定制设计。

一种中国化的工业遗址改造精神

"仓阁"相对于国内外多样化的工业遗址改造实践，不仅是出于对老厂房的保护与利用而进行的翻新设计，更是从设计之初便将中国文化精神植入设计理念的一番探索，从建筑外内的楼阁、游廊、屋檐、退台等中国传统建筑语汇，到步入其中产生步移景异、纵横游弋、起承转合的空间感受，力求探索一种中国化的工业遗址改造方式，在这个提倡文化自信的时代展示中国式的创新精神。

餐饮

金奖

重庆麻神辣将火锅店

设计单位：无锡上瑞元筑设计有限公司
设计主创：孙黎明、胡红波

重庆人太爱火锅了。

可以说，重庆人不是在吃火锅，就是在去吃火锅的路上。

吃火锅非常讲究的重庆人，对火锅店面空间，又有怎样的取向和偏好呢？

年轻人的火锅，到底怎么吃，才吃得姿态好看？

无锡上瑞元筑设计有限公司为重庆麻神辣将火锅店设计的店面空间，不拘泥于一般火锅店的符号和意象，而是另辟蹊径，打造一个后现代工业风潮的霸气场景，创意大胆，气质硬朗，突破传统的空间气质，让个性张扬的年轻消费群体成为回头客。

大自然的造化下，雾气萦绕的重庆素

有"空山不见人，但闻人语响"的境界，大雾之时，山色尽消的画面似有若无地为店面渲染出一派山城空灵与泼辣。

运用不锈钢镀铜板、黑色烤漆铝板、大理石等工业质感厚重的材料，整体色调内敛，空间漾洄于明暗光影中。水磨石的灰色、金属的褐色、橡木的原木色，以小

面积的大红色点缀其间，恰到好处地刺激食客感官神经。包厢内，两种壁面材料，文化石和木纹纹理，杂糅出山城独有的空间表情，粗犷热烈而不失细腻温和。

独特的吊顶装饰洋溢着浓郁的艺术气息，表达着空间情绪；肌理独特的金属面板在漫漫灯光之中晕染出引人瞩目的艺术效果。

排烟系统被不着痕迹地"藏"起来，不经意间的隔断使得空间相互独立，确保视线自由畅通，空间整体通透。

山城之中，山与雾、文化特质和时尚风潮熔铸于同一个空间。因此，吃火锅除了热闹喧嚣，更具艺术之美，赋予空间全新的生命力，营造火锅店聚餐的另一番景象。

餐饮

银奖

THAI-1949 餐厅

设计单位：福州市无界装饰设计工程有限公司
设计主创：刘进才、陈敏强
设计团队：林宗凤、陈胜

纯净的白色与灰色组合在一起，如同一朵绽放的雪莲，典雅而幽静，洋溢着浓郁的现代艺术气息，仿佛一抹淡淡的阳光，静静地"洒"在餐厅的每个角落……

该餐厅是泰式风格，于现代时尚之中拥抱大自然，安逸而宁静。设计师素手轻绘，营造了宁静雅致的就餐环境，特别摒弃了以往繁杂的寺庙装饰，摆脱泰式手工艺品

的羁绊，在"往来无白丁"的畅快之美的引导下，实现心灵的融合，让身处其中的餐者真正感受到"食之精益，厅之绮丽"。

B

餐饮

银奖

再现青春

设计单位：佛山尺道设计顾问有限公司
设计主创：何晓平、李嘉辉

川菜是中国八大菜系之一。香辣的味道搭配酒水或碳酸饮品，对味蕾产生强烈的刺激，仿佛一种情感催化剂，让人们释怀心绪，顺畅沟通。在设计师看来，这并非一个简单的用餐空间，它承载着饮食文化，传递着喜悦、欢庆之情，是人与人联系感情、交流沟通的桥梁。久而久之，便成为一个储存记忆、纪念情感的场所：也许有聊过的八卦、许过的愿，有曾经的勇气、热情、搞怪，还有燃烧的青春。因此，设计师在本案中重现最美好的校园青春，旨在唤起那些曾经拥有的珍贵情感。

项目坐落在一座废弃的纸箱工厂厂房内。空间设计极力表达对原始建筑的尊重，保留工厂原有的红砖墙和坡屋顶，同时赋予整栋建筑新的生命。在外观上，打通厂房的顶部瓦顶，引入更多的自然光，在厂房内部"装"入一栋全新的建筑。

建筑的设计主题是一所学校。将厂房内部进行区块分割，营造"课室""走廊""跑道"等易于勾起顾客青春回忆和产生共鸣的场景。为了造景，课桌、黑板、漫画书、红绿灯、单车等多种装饰元素——上阵。这些精致的细节和粗糙的建筑外墙极具视觉冲击力。

这些场景在巧妙的动线安排下形成了关联和统一。每个场景虽然各自独立，却借助人生进程的时间线而设计的空间动线串联在一起。这种安排类似于电影拍摄中经常使用的蒙太奇手法，分裂的片段经过重新组合，变成一出名为"燃烧的青春"的大戏，让拥有此番经历的人追溯情怀，让未曾经历此般过往的人体验一种新奇、感受一种情怀。各个年龄段的消费者一进店，看到那些似曾相识的老物件，便会产生好奇与期待。坐上一阵子，这份新鲜感会转变为一份愉悦的就餐心情，伴着丝丝熟悉和信任。每时每刻，消费者都能找到适合自己的视角，窥视空间，感受空间，与空间对话。

餐厅采用白加红的配色，为干净整洁的空间注入些许活力。值得一提的是，一方面，红色通过大面积的可乐箱和可乐红加以展现，令人有吃辣时搭配一杯经典玻璃瓶可乐的快感；另一方面，餐厅的一大亮点——旋转楼梯与配套滑梯也使用红色，父母和孩子可在此充分互动、增进感情。

餐饮

铜奖

抱一茶餐厅

设计单位：蓝色设计
设计主创：乔飞
设计团队：谢迎东、郑珂、岳斌、管商虎、刘佳飞、张革、刘玉红

合院纵横，张弛有度，天人合一，道法自然，和谐共生……

浮躁的都市生活令人感到迷茫，心灵的孤寂已黯然神伤，朴实的境遇让人卸下防备，感受平静，直面自我，应景的脱世之感应运而生。漫步而至，光为你引路，鸟儿已欢呼雀跃，深呼吸，心已释然，闭目养神，情景融合。空间诚意相邀，并无华美修饰，只有心灵的奢华，忘我而不知所云。

静默就好，平心静气，感受人生的喜悦。勾魂摄魄的情怀与眷恋已幻化升华，亲切自由之感，菩提之下的交心，畅快淋漓——体悟了，我是谁……听潺潺的流水，饮甘醇的香茶，参禅机、明心路……生活的情趣与灵动油然而生，安静、润泽，一片祥和，你、我、他的圆融……人生如梦，与人为善，心底升起一股暖流，只有平静的享。

B

餐饮

铜奖

几何空间

设计单位：大玭装饰工程有限公司（SIMON CONCEPT）

设计主创：苏智敏

　　项目空间是一家老城区街道旧建筑改造而成的创意蛋糕店。设计师希望该店在老式街道相对杂乱的商铺中凸显出来，在市场上众多类似行业中以一种全新的姿态呈现在世人面前。然而，由于原建筑的扩建部分年久失修，部分扩建的承重结构已

出现老化现象，在建筑加固后留下较多的承重结构。因此，设计师以几何块面和留白作为切入点，采用大面积的不规则几何块面，对杂乱的建筑结构进行掩饰，同时利用几何块面的结构延伸将室外的园林景观引入室内。留白则旨在使建筑与其杂乱

的周边环境形成鲜明的对比。

　　建筑结构"包裹"完毕之后，剩下的外立面以全通透的无框玻璃将室内外空间区隔开来，使内外之景相互交融，同时，拆除主力墙体，借助新植入的钢结构承重，加大空间的采光面积，将更多的室外光线

引入室内。室内空间中，大面积使用留白，并做镜面处理，使空间更显通透、明亮。

客人区分为白空间和灰空间，白空间是园林景观座位区域，灰空间分别利用灰色墙身、不锈钢饰面以及木饰面分割而成的吧台座位及操作台区域。为了凸显灰空间与白空间的不同特点，在吊顶上加设一个长且窄的灯盒，使其形成前后之分，吧台上的深凹不锈钢吊顶在视觉上形成了空间的自然过渡。

铜奖

星曜堂

设计单位：无锡上瑞元筑设计有限公司
设计主创：范日桥、李明帅

　　这个光怪陆离的城市从来不缺乏美食，外滩边一席雍容典雅，静安寺几口颠覆传统，是它带给我们的世界享受……在这个城市里，亦有一个与顶级美食相关的互动体验式空间——星曜堂。设计师应星曜堂团队的委托，实施空间设计，这是一个集法国米其林国际厨艺学院和精品咖啡厅于一体的新型社交场所。

　　星曜堂的灵感源自建筑大师矶崎新的作品，兼具美食与建筑之美，建筑元素为这里增光添彩。设计师希望构建空间与美食之间的某种联系，提供"尝形"与"看味"的互换体验。

　　星曜堂极其出色的甜点为设计师带来灵感，咖啡休闲区理应是一个"甜品"般的存在，极致简单的几何造型贯穿空间，让这份"甜"尽显优雅与现代的气质。

　　咖啡吧台倚于进门右侧，法国蓝被黄铜色包裹，细腻中透出典雅的浪漫。

　　正对吧台的卡座区墙面上，黄铜色的有机造型层层推进。设计师奇思妙想，以

甜品的美味俘获食客；墙面左侧的舷窗是一幅生动的"装饰画"，在这个空间的另一边是一个同样有趣的世界。

咖啡区的地面似乎洒满巧克力与榛果碎，别具匠心的地面极大地丰富了空间体验的乐趣。

材质急骤变化，人们满怀新奇，来到星曜堂的另一个世界——教学区，这里是一个可以亲身体验的美食艺术馆。

教学区是一个透明空间，透过两侧的玻璃，学它们可以展示才艺；曲线形的天花板宛如一块在餐桌上轻轻铺展开来的台布，连续的拱顶在容纳功能构件的同时，为简洁的室内空间覆上一丝灵动。

在星曜堂，人们会踏上一场米其林的味觉、嗅觉和触觉之旅，这个空间好像兼具海派精致与法兰西浪漫的世界，恰如其分的视觉体验让原本丰富多元的空间感受变得更加完整。

银奖

沐·谷

设计单位：尺镀美学创意设计研究室
设计主创：郭春蓉

　　沐·谷水疗馆位于湖南省株洲市天元区，是一家集足浴及水疗于一体的店面。项目设计打破传统足浴封闭式的布局形式，写意的敞开式足浴区域是空间设计的核心及亮点。空间设计力求打造一幅"写意立体山水画"，石为山，枝为树（倒置悬挂的松树枝成为空间元素的点睛之笔）。设计师运用透景、借景等处理手法，以木材的原色调体现生命的气息，古朴的质地、随意的形态，无处不体现大自然的本色之美，让人心境平和、超然物外，尽显简约朴素的禅意精神。

休闲娱乐

银奖
共和会馆

设计单位：鸿扬家装
设计主创：谢志云

共和会馆位于共和创工厂社区一楼大厅，室内设计风格休闲而现代，是一个集品茗饮酒、放松身心的休闲娱乐空间。人们在这里自由活动，在茶台上喝茶、办公、或阅读。小面积的窗户区非常安静，私密性较强，可供人们静坐，享受片刻的悠闲。整个公共空间是一个挑高的复式区，满足基本的功能需求，装饰细节强调肌理性，空间氛围具有较强的仪式感。中式家具与空间风格在碰撞与冲突中达到平衡，尽显开放、包容之态度。

C

休闲娱乐

铜奖

肆季派对空间

设计单位：四川艾玛设计工作室
设计主创：陶泰州
设计团队：蒋瑛、陈芹、肖涛

项目位于文创园区一个破败的三合砖房内，园区空气清新，四季分明，是都市生活不多得的一处静怡之地。设计师借助砖墙和废弃的铸铁暖气片，打造一方专属于"肆季派对"的小天地。布局灵动，纯白色装饰搭配变色的智能灯光，根据多元化的派对形式来调整室内格局，容纳"肆季派对"的多个美景。打造大约 100 平方米的镜面水景，激发客人的想象力，使其在白天和夜晚分别踏上一场完全不同的浪漫之旅。

休闲娱乐

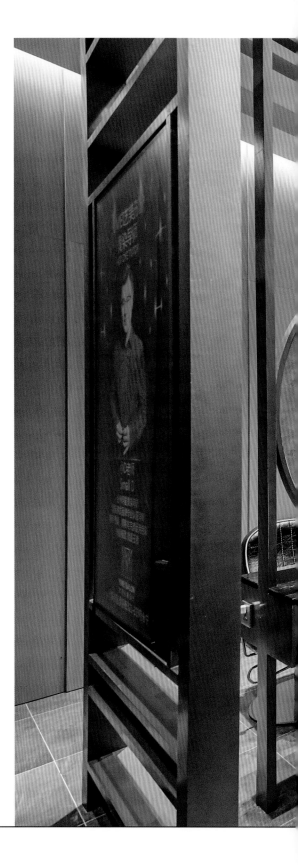

铜奖

天使茗剪

设计单位：上海品匀室内设计工程有限公司

设计主创：郑凯元

设计团队：李岚鑫、何晓静

本案由一层美发空间与二层美容水疗空间构成，不等距平行线条的元素贯穿整个空间，丰富了空间的层次，强化了空间的节奏感。

美容区利用等距线条的排列方式，使整体空间趋于宁静，并结合青灰色山水画，使美容水疗空间更具东方韵味。

零售商业

金奖

天地艺术馆

设计机构：ENJOY DESIGN（广州燕语堂装饰设计有限公司）

设计主创：郭捷

重庆万科天地艺术馆主要包括艺术陈列与展示馆、万科品牌与项目体验馆和咖啡厅三个部分。

艺术陈列与展示馆陈列当地艺术家的创作作品，错落的楼梯连接不同的展示平台，形成不同高度的展示空间。设计师借由抽象表现主义风格进行一番奇思妙想，撷取当代艺术精神的意识取向，在节奏张力与内在的形式感知之间寻觅微妙的线索。

空间交叠的笔触间似有无限的深度，白色的块面与黑色的线条相组合，平面与立体交织在一起，让人想起巴内特·纽曼的抽象表现主义绘画艺术，纯净的形式，生长的线条，尽显宁静、安详的气质，让人感悟生命的气息，找回内在的节奏和韵律。

万科品牌与项目体验馆是品牌展示区、沙盘区和科技体验设施的集中区域。每个

馆均设有相对应的香薰和音乐主题，全方位营造空间感受。身体与心灵的相遇是感官和体悟的温情重燃，简约的设计，注重形式创新；清爽的视觉表现与室内建筑的大体块形成微妙的对比。沙盘区，米白色大理石有蓄势待发之势，行走其间，渺小与浩大的意象比邻同现。

一侧的休息洽谈区，毫不累赘的简净，空间精神熔铸着纯粹而平和的气质。细节的装点无不回应着空间脉络，吊灯的直线结构与黑白表现主义的绘画及线性结构元素相得益彰。

咖啡厅中，靠窗一侧是休闲区，空间视野无比开敞，在大面积的玻璃面墙前凭窗眺望，山湖景致尽在目前。

零售商业

银奖

层迭

设计单位：物上空间设计
设计主创：张建武、蔡天保
设计团队：许振良、李德娟

结构是组成空间的基础构件，空间越小，主要结构的位置对空间规划的影响就越大。

因为空间狭长，一至二层的层高过高，且不能增加夹层，所以设计师首先要解决两个问题：第一，在满足功能需求的前提下，避免空间显得狭长；第二，楼梯的位置应

恰到好处。然而，将这两个问题结合起来便会发现，楼梯的位置和动向才是设计的重点。

关于楼梯设计，由于空间狭长且不能超出预算，因此，"装置"成为设计的突破口。设计师把楼梯打造成一个通透的装置，放置在空间中部，连接一、二层，中

间增设一层平台，并且融入一层的功能区，有效疏通动线走向。竖向钢条的构思灵感源于"发丝"，既有导向性、安全性，又增强空气流通，避免视觉阻挡，人走在其中，极富戏剧性。此外，在平台上开辟一个小型阅览区，随意摆放些小羊书架和鹅卵石抱枕，斜倚在抱枕上，手捧一本书，在繁

忙的都市生活中，置身于这一片小草原中，思绪飞奔，享受难得的悠闲。通过一系列巧妙地处理，劣势变为优势，成功地解决了上述两大严峻的问题。

第三个问题是打造视觉中心。时尚潮流、造价低廉、视觉冲击……面对一系列甲方提出的苛刻要求，怎样把"装置"打造成一大视觉焦点，这成了设计师另一个要思考的问题。

黑色加黄色是非常经典的色彩搭配，运用于生活中的各种场景，既有时尚韵味，又有强烈的视觉冲击力。因此，所有功能性的器物、墙面、地面、顶面均为黑灰色，而楼梯装置则刷成黄色。没有多余的造型堆砌，使用最基础的结构，通过鲜明的色彩对比，体现楼梯的"装置感"，让楼梯则成为空间中的视觉焦点。

由外往内一层望去，巨大的黄色"装置"如雕塑一般跃然于空间之中，带来强烈的视觉冲击力，体现现代时尚的都市之风。

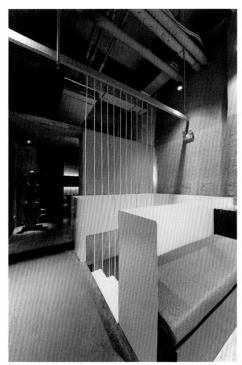

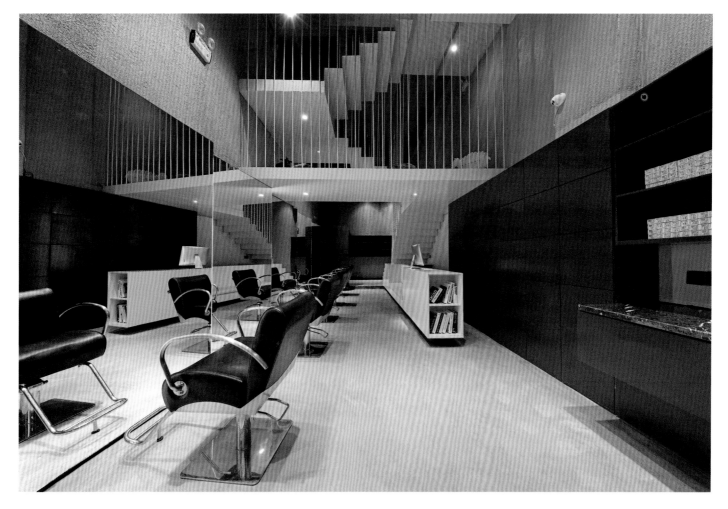

零售商业

银奖

老粮仓的新生

设计单位：深圳市黑龙室内设计有限公司
设计主创：王黑龙
设计团队：汪若晨、周益刚、马晓龙、马鹏伟

　　粮仓Ⅹ号位于长沙北郊，始建于20世纪50年代初，是长沙市第一粮食仓库，也是当时全国较先进的粮食储存库房。采用中华人民共和国成立初期最好的"汉阳造"机制红砖瓦，由最好的工匠以"梅花丁"砌筑法建造而成。

　　这种外形椭圆的房式是当时较有代表性的一种粮仓样式——"檐部、墙身、勒脚"三段式，非常经典。直到20世纪80年代末，以该类建筑为主体的大型粮仓储备基地仍然承担着全长沙的粮食储备重任。该苏式粮仓原先共有十栋，高约13米，长约38米，宽约14米，每栋建筑均有八对逐级内收的构造柱，守护近60厘米厚的墙体。屋顶采用木构"人"字梁，外铺以红瓦。20世纪90年代，新的储粮技术和设施逐渐取代老式的粮储设施，房式粮仓逐渐退出历史舞台。进入21世纪，随着大规模的城市建设和房地产开发的兴起，长沙市第一粮食仓库规划外迁。为了保留历史记忆，2010年底长沙市文物管理部门为仅存的五

栋苏式粮仓挂上"长沙市不可移动文物点"牌，但由于利益的驱动，老粮仓建筑仍免不了被"误拆"的命运。至2016年底，仅剩下一座岌岌可危的X号苏式粮仓。

一个偶然的机遇，设计师发现了这座历史建筑，在与现业主多次交流后，双方达成"再生利用"的共识，并提出保护性修复、功能性改造、前瞻性重生的激活计划。基于极有限和并不准确的资料，黑龙设计团队进行了前期调研和现场测绘工作。整个改造计划本着"修复、重构、激活、重生"的理念，最大限度地保护老粮仓原有的建筑特点，实现现代元素与前工业化历史痕迹的和谐交融。

空间功能的改变应适应当代社会的需求，使其彰显现代之美，但同时兼顾合理性，并最大限度地保持建筑的原有特点和风貌遗存。黑龙设计团队做了如下工作：

第一，对旧建筑进行清理、维护和加固，对数十年间陆续加建的附加物予以清除；同时，采用技术手段对原建筑已朽烂的木结构进行更换和翻新。

第二，基于粮仓的功能，旧建筑是一个只有通风而无采光的封闭体，除了环布周边的小通风窗，欠缺功能改变后所需的基本条件。在不影响旧建筑外廓的前提下，设计师在建筑的顶部沿"人"字坡两侧，于东西向打通采光墙，西侧墙面也打通了被堵塞的原输粮管道和出入口。

第三，旧粮仓"人"字梁的木构建筑年久失修，已被假天花板遮掩。让精密复杂的木构重见天日，是唤醒旧建筑生命力的重要一步。

第四，室内平面取东西轴向，由西往东环绕空间，引导人流。东侧设步梯，通往二层回廊和展示空间。

第五，旧建筑外围整体下沉，形成小型广场，为今后的公共活动预留条件。无边镜面水池的设计改善了周边的硬质环境，尽显通透之美。

第六，对旧建筑的表皮进行深度清理。外立面剔除外加物，并修复严重损坏的砖面，保留特殊的时代标识。内部则铲除原防水的灰泥层，露出红砖结构。

第七，建筑内的二次改造，均采用独立的钢节构，与旧建筑轻分离，既不损害脆弱的旧建筑，又以全新的建构方式与旧建筑形成对比。例如，玻璃盒子外罩的主要出入口，保留裸露的混凝土门槛，将其打造成访客的一个视觉焦点。

经过数月努力，改造计划保护了老粮仓原有的建筑特点和历史记忆，并尝试将现代元素融入历史印记。粮仓X号逃离了濒临被拆的"厄运"，以地产会所的身份重获新生。

零售商业

铜奖

空间的立体裁剪

设计单位：北京元道同和建筑设计咨询有限公司
设计主创：霍兴海

眨眼女装线下旗舰店位于北京 CBD 建外 SOHO 东区写字楼底商，面积约 170 平方米，上下共两层，一层为设计师品牌服装店，二层为私人订制区。在有限的空间内，设计师试图用简约的设计打造一个令人过目不忘的空间。

在空间处理上，使用轻薄的钢板，进行压缩、拉伸，通过"压 + 拉"一连贯的动作，获得空间张力，使人在空间中不再聚焦于"四壁"，视线受钢板边缘走向的引导，获得"游走"的空间体验。

空间材料限定为三个层次：一是构成主体的 6 毫米厚钢板，6 毫米的厚度在空间中足以让人忽略它的厚度；二是作为背景的深灰色真石漆（表面非常粗糙），光线在上面能神奇地"消失"，空间呈现一种"无边界"的错觉；三是作为边界限定的地面和天花板，白色和浅灰色的色彩搭配，使得钢板隔断尽显"此时此刻"的确定感。

导视设计方面，在钢板上打孔，后嵌入钻石，文字犹如钢板上渗出的水珠一样晶莹剔透。

设计师将几种不同直径的玻璃球通过不同的高度随意地悬吊于天花板上，在其他灯具的映衬下，空间洋溢着一种朦胧之美。这种朦胧的美感与钢板所营造的"此时此刻"的确定感形成鲜明的对比，使空间在冰冷的性格中又多了温柔的一面。

零售商业

铜奖

盘子女人坊

设计单位：水木言设计机构
设计主创：梁宁健
设计团队：金雪鹏、周剑锣

这是一个需要发挥想象力和充分理解的"传统"空间。

想象在于，身为中国人，在全球化和传统精神相交融的氛围中，能否把握真正意义上的传统精神？"理解"在于，古籍中阐述的女性闺阁，并非完全无迹可寻，那么，它究竟是怎样一种精神风貌？

这个拍摄中国女性古装影像的空间位于杭州，主题是"重新挖掘传统女性之美"。什么是传统意义上的女性？现代人对于传统意义上的女性形成了一种固有的观点：端庄娴熟，忍辱负重，顺从温柔，自我压抑。

传统意义上的女性尽管与现代人有类似的压抑特质，但另一面所呈现的大家闺秀气质、深厚的文化底蕴和知礼守礼的风雅之美，在现代讲求女性解放、自由独立的氛围中，别有另一番吸引力。

由此，针对"女性古典摄影"的命题，设计师采用了一个新思路：重新续写"传统"女性，把她们原本极具开放、热情、活力、温暖的那一面通过空间展现出来。传统是古典兼具活力和生气的，她们既古典端庄，又开放而不拘小节，同时充满生命的热情。

摄影空间区包括大厅入口、屏风区、摄影展区、服装区、洽谈区、半开放式空间、水吧台等。设计元素方面，大面积使用中式柱廊、现代金属管、樱花形装饰片、古典灯笼、山水夹丝玻璃。施工工艺方面，采用不锈钢重新度色，简洁的不锈钢收口使空间尽量保持干净。粉色硬包布之间的布接缝处采用5毫米的金属条做压条，同时比平面凹进去5毫米，以强化墙面的方向感与立体感。

零售商业

铜奖

大正鲲府销售中心

设计单位：河南励时装饰设计工程有限公司

设计主创：秦丽

设计团队：王敏、张秋实、周理杰、王艺超

项目前期作为销售中心，后期一层空间作为整个小区的入户大堂，二层部分空间设置为开放空间，与居民互动，成为一个共享场所，同时配备社区服务中心、书吧、小型影音室等，一次投入，避免二次更改的浪费。

针对项目内部空间的结构特点和甲方的投资预算，设计师提出"让造型消隐，把注意力集中在美学空间上"的空间设计理念，并运用"以复合环保材料和人造天窗来增强空间错落可视感"的设计手法。入口视角定制了以楼盘"鲲"为主题的立体艺术品，由 120 根造型不一的不锈钢手工着色打造而成，外罩 4500 毫米 ×3000 毫米超白玻整版无接缝玻璃。面与面自然融合，最大限度地拓宽空间视野，打造一个纯粹、凝练的空间，用现代极简的语汇营造素净、统一的色调和强烈的生活美学

仪式感。色彩方面，大面积使用白色、灰色。选材方面，使用具有自然纹路的人造石和具有亲和力的仿真木皮。因此，色调和肌理既接近，又有着微妙且耐人寻味的差别。静驻此地，领悟微妙的永恒。

办公

金奖

极白

设计单位：尺镀美学创意设计研究室
设计主创：郭春蓉

优卓牧业办公综合楼位于湖南省宁乡县双江口镇槎梓桥村，是一家经营牛奶饮品的牧业企业，以生产液态奶为主要产品。该项目于 2018 年 6 月竣工，设计对象包括牛奶工厂的参观通道、会议空间、工作空间、试验操作空间等。为彰显牛奶干净、生态、无杂质等特性，在材质方面，地面选用白色橡胶地面，立面大部分选用白色烤漆玻璃、白色铝板、白色灯箱片等材质，天花板部分空间如参观通道采用大面积软膜，使空间通透柔和。色彩搭配遵循纯净、丝滑、无杂质等原则，参观通道只使用一种色彩——白色，材质及灯光的搭配使整个空间既简约整洁，又丰富细腻。大面积背景色提取牛奶的暖白色，以其他色彩点缀其间，在细腻、整洁空间里注入轻松、愉悦之感。

办公

银奖
木空

设计单位：广东星艺装饰集团股份有限公司
设计主创：吴家春

这个办公空间取名为"木空"。整个空间由五个极具趣味的木盒子组成，设计师赋予每个盒子不同的功能和使命。通过空间内不同程度的地面抬升和下沉，以及视线方向上的隔断和重组，整个空间极具层次感。大量使用木材，践行可持续发展的理念，在设计之初便植入绿色生态的元素。

整个空间分为公共区域、接待区、装置区、办公区等，公共区位于中央，以其为中心，形成围合之势，所有功能区分布四周。从最里面的入口进去，是五人办公区，这里比较私密，1.3米高的隔断将五个空间分隔开来，隔断的高度正好可以阻挡人坐下时的视线，保证工作区的独立性，同时

与其他区域"隔而不断"，方便交流与沟通。这里借用柯布西耶在拉图雷特修道院里对最小尺度的探讨。每人仅拥有一个供转身的空间，一张长条办公桌、一把椅子、一整面书柜。书柜用钢板做成方格状，形成强烈的秩序感，整个空间秩序井然、宁静和谐。

办公

银奖
自然几何

设计主创：黄灿、贺丹

项目恰好地处 25 千米湘江长沙段最核心的"一千米江景"，可俯揽橘子洲全貌、湘江全景，西面以岳麓山为天际线，东瞰一城繁华与精粹，尽收世界罕有的"山水洲城"的城市景观。办公空间依托于优越的地理位置，以岳麓山、湘江为背景，用几何分形的手法提炼山水元素，运用特殊

材料，表现传统建筑屋檐的形体轮廓，打造仿佛置身于山水之间的办公环境，营造自然、轻松、充满活力的办公氛围。

前台背景采用金属材料，从顶面延伸到墙面的条形凹凸造型，像流水，也像山体，金属材质的硬朗与类似于流水和山体的绵柔造型达成一种平衡，整个空间充满律动，

极具视觉冲击力。

前台右边的洽谈室是一个半开放式空间，墙面将烤漆玻璃和金属线条相结合，打造成宽窄不一的造型。门对面的墙体与内部办公区过道墙面的徽派建筑屋檐形体连接在一起，采用大量的玻璃和金属结构，营造"一窗式"的视觉效果，让本来不大

的空间有了变化和趣味。

前台至总经理办公室的过道墙面采用大面积的金属冲孔板和金属线条，得益于冲孔板的运用，空间明亮开敞，富有质感。另一面墙是大面积的办公玻璃隔断，玻璃隔断可以反射对面传统建筑屋檐的造型，产生虚实相间的效果。人从过道走过，仿佛置身于江南小巷。过道与独立的办公室用内嵌百叶帘的玻璃隔断相隔，工作疲惫时，将百叶帘拉开，看看过道，映入眼帘的是若影若现、层层跌落的徽派建筑屋檐，如果此时候刚好有人经过，就好像一幅禅意画卷。

靠近总经理办公室的产品展示区与过道的传统建筑屋檐形成一个整体，采用大量金属材料，运用陈列手法，打造成大小不一的矩形储物格。顶面造型与照明相结合，采用与立面矩形相同的结构，把矩形形体不断放大、复制、陈列，产生震撼效果，带来强烈视觉冲击，整个空间就像传统建筑房屋的内部空间缩影。

公共办公区的主题墙面采用大面积的白色烤漆木饰面，造型的凹凸、长短、宽窄不一，富有层次和变化。条形造型中还有一条贯穿整个墙面的弧线，其中嵌入长短、宽窄、凹凸不一的烤漆饰面板，涂刷代表公司形象的标示性色彩。坐在办公椅上看墙面，墙面类似一座流动的山体，感觉就像坐在高铁或渔船上看到远处的山在移动一样，置身于山水之间。

健身房采用透明的玻璃隔断，与过道相隔，顶面和墙面采用长短不一、错落有致的条形造型，墙面造型里嵌入仿真绿植，让整个空间充满绿意和活力。

总部进门左侧的墙体以徽派建筑屋檐为主题，与正前方的岳麓山相呼应，从进门看过去，传统建筑屋檐与岳麓山的天际线连成一个整体。

公共办公区的主题墙面同样以传统建筑屋檐为背景，墙上设计若干个大小、宽窄不一的矩形框，整体看上去就像传统建筑房屋的窗洞，矩形框里嵌入白色，木饰面和镜子的材质丰富多变，人从这面墙经过或坐在办公椅上看到带镜子的矩形框，通过镜子反射，便可一览对面窗外的岳麓山之景。似于中式古典园林借景的手法，整个背景墙面与对面的岳麓山遥相呼应。

公共办公区顶面吊顶以大自然中的"水"为概念。

总裁办公室对面等候区的墙面和顶面造型也将达自然中的山水元素加以提炼和分形。

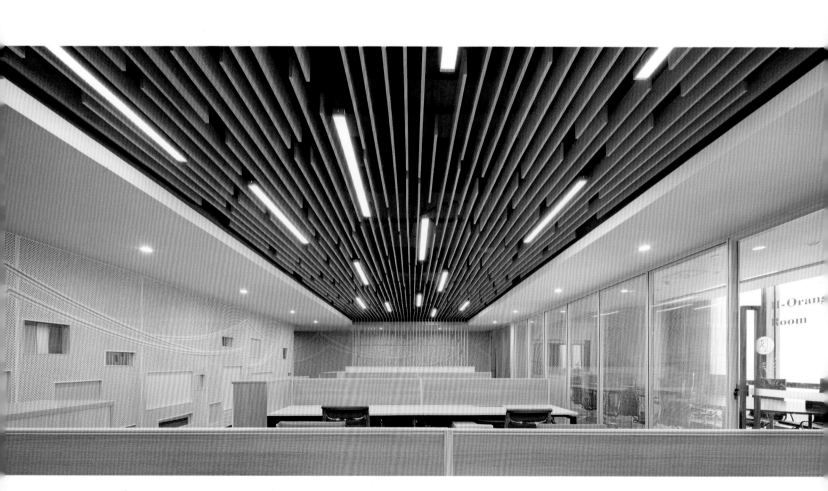

办公

铜奖

TEMGOO 天古陶瓷

设计单位：硕瀚创研
设计主创：杨铭斌

　　射线、圆柱、方体构成立体的错层空间，设计师所做的改变旨在改变用户的视角。

　　这是一个物料展示空间，将空间设定为一张白色画纸，选配物料过程就像绘画一样，调试出不同的可能与惊喜，为用户营造安静、自在的空间氛围。伴着光线的指引，用户一小步一小步地顺着空间动线游走其间，动线模糊了开始与结束的概念，半圆的分割串联起各个区域的边界线，移步换景。不同的场景转换带来精彩的空间体验，身体已是空间的灵魂组成部分。

　　多功能区的设置满足空间的使用需求——用户在这里匹配物料或组织沙龙活动。该区域呈梯级，从空间中凸显出来，与其他功能空间形成一个奇妙的"错层"。

　　空间中的通道似是而非地存在着。在展示区与办公区之间，用圆柱阵列形成分割线，区隔了公共空间与私密空间，两者融合共生，以雾化渐变的玻璃为伴，再次探寻公共空间与私密空间的关系。

　　空间中的细节处理，以"无声胜有声"

的方式勾画出了不同空间的细微界线。

　　飘篷形态的天花板造型，丰富并延展了空间中的通道，空间变得丰富起来，从原有的通道"意识扁平化"演变出一个多维空间的组合。

　　空间中的圆与天花板上的射线、立面的缝隙进行对话，仿佛在寂静的场域中演凑着一首首清音乐。

　　空间的横向与纵向均循序渐进地延展，彰显空间的诗性与优雅。

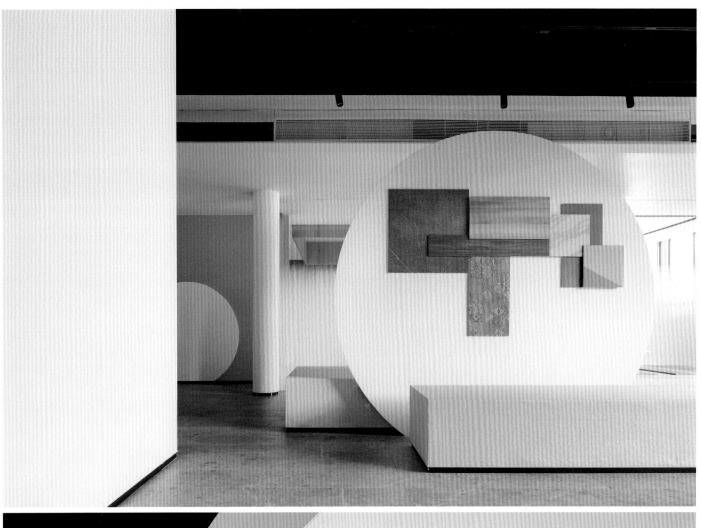

办公

铜奖

静界

设计单位：物上空间设计机构
设计主创：蔡天保、张建武
设计团队：许振良、李德娟、钟小苏

　　一道光门隔开了外界的纷扰，拾阶而上，映入眼帘的是一头金色的熊趴在玻璃上向内窥望，这是致敬艺术家劳伦斯·爱勋在美国丹佛会议中心创作的蓝熊，它的趣味性打破了走廊的单调与沉闷。

　　走廊的两条光线分别指引着两个不同区域的入口，右边的玻璃墙隐藏着工作室的标志。不开灯的时候，这是一堵干净的玻璃墙，看不出有什么特别；灰色的大理石地面仿佛一条纽带，连接着两个不一样的空间。

　　沿着光的指引，首先进入左边的设计区。温润的原木、空旷的白、冷峻的灰，还有那一角绿色的青苔，让人马上平静下来。为了获得更好的视野、充沛的光照和合理的空间比例，设计师抬升了办公区的地面，下方作为储物间和设备间，既丰富了空间层次，又解决了收纳问题。利用高度差，从入口到办公区的楼梯打造成可休闲看书，也可临时变成会议室的多功能区；办公区上空悬吊着艺术装置的灯具，可根

据功能需求而调节色温和亮度，随着工作的心情变换空间的氛围。

右边的空间的视觉中心是一个多功能的木盒子，它是空间挤压的产物；将原本三个独立的空间打通，露出结构吊顶的两根超大承重梁，让每个功能区的空间比例受到限制。

经过反复验证，降低洽谈区和会议功能区的地面高度，形成一个中转平台，并把所有收纳功能集中在这个盒子内，用原木包裹，形成空间的枢纽中心。为了保证私密性、通风、采光及安全，盒子的围挡采用矩管格栅的形式，通过格栅观看楼梯边的佛像和楼梯下行走的人，让平静的空间产生互动的波澜。二层挑空墙体上的缝隙，起到采光通风的作用，并避免视觉上的拥堵。

在安静的环境里配备智能灯具等高科技设施，旨在保证空间纯净度的同时，为使用者带来更多的便利和舒适。静界不仅仅是一种理想境界，还有对未来的感悟和憧憬。

办公

铜奖

费罗娜企业总部

设计单位：广东正方良行设计有限责任公司
设计主创：徐庆良、黄缵全

砼，五千年前开始用于生活；250 年前，成为改变世界景观的重要材料；今天，成为城市过度建设的"石林"。

费罗娜是重塑"砼"之自由和纯粹的使者，也是让"砼"回归自然之风建筑材料的制造者。

设计师从"砼"的历史、文化、功能、发展和未来出发，使用简单的建筑结构语汇，以"砼"的本质图案——圆、方、三角作为形态基础，在费罗娜"砼"的愿景中寻找企业文化价值和产品特性，实现"砼"在办公环境中新思维、新形态的环境应用。

延续费罗娜的企业文化和产品风格，以灰色为主调，统一应用于天花板、地面、墙面，圆、方、三角形态的黄色穿行在灰调中，通过暖黄色的灯光渲染，力量与温情高度融合，这便是设计师对费罗娜精神与文化的体现，也正是简约风格的所在。

费罗娜新办公总部的空间设计融入"砼"的思考，符合企业文化和产品特性，呈现出前所未有的新气象，满足员工需求和空间功能的全方位应用。在整个空间里，与历史的对话，与文化的谦修，与自然的拥抱，与时代的互动，与节奏的平衡，尽显办公中心的人文关怀。

文化展览

金奖

卓思中心

设计单位：广东星艺装饰集团有限公司
设计主创：谭立予、郭晓华

　　该项目为办公展览接待空间所属的景观院落。整个院落由开放式回廊串联并限定，既是界面也是联接体；主视角以院内的风景和游历体验展开。立面隔栅借助恰当的密度营造半透明感，成为自然光线的过滤器，延缓了视觉向室内空间的匆促穿透，让不同时段的日光更加柔和。室内与室外的传统界限在这里重组，为观看与被观看的情景交互关系。

文化展览

银奖
铝应外合

设计单位：佛山雨候建造室内设计有限公司
设计主创：杨仕威、高智佳

"铝应外合"是一个建筑展会上快速交流与新品陈列的平台。空间设计力求展示铝制行业的特征和属性，以外观设计为切入点，让细碎的日常变得从容自如。这是一个多功能的实用型家居生活馆，向客人展示现代居所以铝代木的理念，在短时间内实现产品、功能与使用空间的完美匹配，营造艺术化的空间氛围。

纵深直白的动线被发光屏风划分成不同功能区，客人在了解产品的同时，获得与之相关的空间信息。不间断的重叠屏风在空间中复制，看上去更像一道帘纱。随着步伐的移动，事物若远忽近。通过互动的展览空间和产品展示，吸引客人参与其中，与之互动。

项目设计以起居空间为原型，不同色彩的墙面形成块状结构，经过布置，变身成一个体系完整的起居体验馆，而透过这些具有画面感的视角，能窥探设计师如何营造灵动、优雅的生活氛围，真正体现空间与产品的"里应外合"。

文化展览

铜奖

AX——共享

设计单位：广东正方良行设计有限责任公司
设计主创：徐庆良、黄缵全

　　奥轩企业总部的公共空间设计，体现"共享"的理念，力求打造一个环保、自然、艺术的场所。设计师把风、光、景等自然元素置入空间。自然对流的风向设计，摒弃人工设备，可在室内空间里体验四季的变化；通透性的设计，取消白天照明，感受一天的自然变化；水、木、花的自然背景，打破室内外的界限。

　　空间设计在满足多功能需求的同时，设置了休闲、娱乐元素，实现T台秀、产品发布、展示展览、会议交流、员工通勤等多元应用，合理的动线布局旨在践行"共享"理念。

　　在这个艺术化的空间中，原有建筑的几何图案在形态上伸展变化，每个简单的几何图案组合成富有雕塑感的作品，空间中洋溢着浓郁的艺术氛围，也让观者视角有了灵动之妙。

文化展览

铜奖

金舵瓷砖总部展厅

设计单位：佛山市城饰室内设计有限公司
设计主创：霍志标、黎广浓
设计团队：练彬彬、卢俊杰、黄浩斌

金舵瓷砖缘起海洋文明，从"瓷"文化出发，结合传承与创新精神，铸造高质产品。因此，餐厅设计是在企业文化和产品特性的基础上，为金舵瓷砖量身定制的。以"智者行水"为设计理念，彰显企业风范与品牌智慧。

基于"智者行水"的设计理念，从室外到展厅，视觉先抑后扬，结合现代简约艺术，将白色作为空间主调，以水墨纹理瓷砖进行铺垫，营造极强的通透感，使访客在参观过程中放松身心，同时契合企业文化对于"自由"的追求。"自由"的另一面便是"包容"，一层结合如波浪起伏的金属墙面、动感十足的圆管林立、楼梯底部的柔光处理、各式瓷砖的布设，共同打造一个多元并存的格局，赋予空间更多的可能性。

二层作为选材与主要展示区，以还原产品、展现产品细节为首要目的，除了产品本身的展示外，利用大理石倒影、哑光和柔光等元素，巧妙地融入"水性自云静，

石中本无声"的理念——以石激水作声，在地面上泛起涟漪，扩大展示效果，让空间变得生动有趣，让访客在观看过程中的思维想象和视觉观赏也变得形象、具体，达到"享受实景，遐想空间"的境界。

空间细节无一不在诠释"智者行水"的设计理念，水能覆载一切，而智者则充分利用一切，以万物兼容为本，在有限中创造无限可能。

文化展览

铜奖

木天聚落

设计单位：新域创作设计有限公司
设计主创：林之丰、许家福

　　远眺拱桥与老街，承袭地域之髓，设计师精心重构空间元素，简约的线条融合传统与现代，处处感受东方写意，细细品味工艺之美，在自然疗愈的场域体验中复刻三峡人文记忆。

　　开阔的天窗和大片侧窗，让服务台、多功能厅绿意缭绕且明朗通透。运用格栅、藤编、矮屏等洗练的修饰语汇与穿透式设计手法，享受光移影动的虚实游戏。

　　独树一格的麻纱灯笼无论日夜都优雅迷人，藤编柱灯以傲视苍穹之姿顾盼迎宾。

　　廊道的尽头，黑铁柱管是汲水台，也是艺术品，思古的涓滴犹如早期农家巧用水笕灌溉民生，简约的线条划破既定的框架，落地窗外唐竹摇曳，将喧闹的市街隔离在一墙之外，成为点睛的生活端景。

文化展览

铜奖

武汉金易金箔文化艺术馆

设计单位：后象设计师事务所
设计主创：刘飞、路明

根据项目需求，空间展示主体为纯金99.99的金箔艺术，介绍金箔的历史与文化。空间具有多种功能，比如，金箔应用培训、沙龙聚会、拍照留影、商洽、金佛塑像展示、艺术品展示、金箔材料与传统金箔加工工艺的展示等。

空间设计需置入繁多的功能模块，并

使之交融与共享。设计师说服业主，将原本隔成若干间的小房间全部打通，将各种功能整合在开放式的大空间中，既可以组织沙龙活动，也可以欣赏展品，进行商洽。在龙椅装置前拍照留影，体会金箔材料与传统金箔加工工艺的流程，欣赏中外金箔工艺品，了解金箔在其他领域的应用。

取材于大自然的材料与元素，展示"万物生金"的理念。在灰麻火烧板上涂刷黑色亚光环氧树脂漆、欧松板、水泥，辅以黑色墨汁，直接滚涂墙面。空间营造采用蒙太奇的手法，在现代时尚里邂逅怀旧和古典。

大型公共建筑

银奖

上海轨道交通 9 号线
三期东延伸段工程

设计单位：上海现代建筑装饰环境设计研究院有限公司

设计主创：马凌颖、李畅、王莉娟、李桅、尤心彧

上海轨道交通9号线三期东延伸工程是由上海现代建筑装饰环境设计研究院有限公司设计完成的。线路起自二期工程终点杨高中路站，终到达金钻路路口的曹路站。线路全长13.831千米，全为地下线，共设九座车站，设计时间为2014年7月至2015年11月，于2017年12月30日通车。

9号线东延伸段工程延续之前一、二期及南段部分的设计手法，并融入当代艺术场所的精神，还原设计本质，打破传统的思想束缚与设计框架，敞开艺术大门，吸引大众，激发兴趣，鼓励互动。

由于地铁设施设备管道繁多，因此，将设施设备管道进行优化整合，在原有的建筑形态中打造更多的活动空间。在有序整合设施设备管道的同时，融入艺术气质，使管道设备更具艺术气息。

以人为本，放大站厅、站台、出入口等标志，并以一定的色彩作为底衬，一目了然。

遵循可持续发展的"绿色设计"概念，顶面、墙面采取大面积的裸露，金桥路站、申江路站、民雷路站柱体均采用裸柱形式。

精简装饰，还原建筑形体的本质特色，避免使用大量材质，以节约资源。

铜奖

中国建设银行股份有限公司福建省分行综合业务楼室内装修

设计单位：福建省建筑设计研究院有限公司

设计主创：何嘉

设计团队：潘树峰、颜丽瑾、瞿雅、范咪咪、陈树请、杨晓宇、刘冰

这个面积达 8 万平方米的银行办公楼共 30 层，是福建省建设银行办公综合楼，由写字楼、营业厅、会议中心、餐厅、银行家会所、员工活动中心等空间构成。室内设计的特点是营造源于大自然的低调与纯粹，确保自然舒适，彰显与众不同的室内气质，体现现代银行室内空间高度理性的设计观。大厅空间气势恢宏，平面功能布局和空间形态丰富多元，空间界限较为模糊，强调建筑外墙与室内界面的相互渗透，加上室外光影的映射穿透，打造独特且充满张力的现代化办公共享空间。标准楼层的办公空间布局科学合理和采光极佳拥有令人舒适、愉悦的办公环境。其他空间的设计也采用恰当的表现手法，运用各种材料和工艺，结合多种设计元素，妥善地处理空间关系，如人与空间、空间与造型、空间与材料、材料与色彩，力求在福州这片极具竞争力的地段上打造符合高标准物质生活和审美品位的空间。

国际业务部
International Business Department
资金结算业务部
Capital Settlement Department
小企业业务部
Small Business Banking Department

大型公共建筑

铜奖

成都地铁 1 号线三期工程博览城北站综合交通枢纽

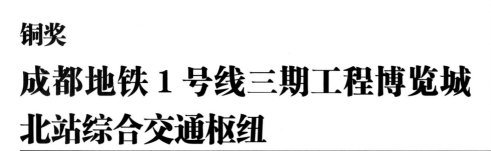

设计单位：中国建筑西南设计研究院有限公司

设计主创：张国强、蒋伟

设计团队：刘俊毅、安康、牟利微、代华阳

设计思路

历史与现代：用艺术手法展现古代成都商贾文化，与现代天府商务中心形成对比，彰显时代的变迁；选取四川艺术家的代表作，将古代元素进行抽象处理，运用于空间装饰。

思路蜀锦：四川是中国丝绸文化的发祥地之一，成都作为南方丝绸之路的起点，具有不可或缺的地位。蜀锦因产于蜀地而得名，与南京的云锦、苏州的宋锦、广西的壮锦并称"中国四大名锦"，在我国传统丝织工艺锦缎的生产中历史悠久、影响深远。本案选用蜀锦的典型纹样，作为核心装饰元素，加以应用。

成都故事：采用浮雕和绘画的艺术形式，讲述成都自古以来的商业故事，与天府商务中心的现代气息形成对比。

空间布局

枢纽地铁部分为成都地铁 1、6、18、 16 号线四线换乘车站，位于天府大道东侧， 分为共用开放式花园站厅、换乘厅和站台。

福州路下方，蜀州路东侧，形成 "H" 形换乘，

金奖

ENJOY EDUCATION（乐享教育）

设计单位：壹席设计事务所

设计主创：胡涛、罗伟伟、何炜彬、尹咏闲、梁淑

折纸有着无限的随机性与创造性。

设计师秉承"折纸艺术"的理念，对空间进行装饰。形式不一的折面，呼吸而留白……

在这里，折纸艺术是空间主导者。

在这里，我们遇见梦想，遇见童年。

错落有致的沙发体块组成公共休息区，灵活的空间尺度供访客等待、休憩，或思考，或翻一本书籍……

ENJOY EDUCATION（"乐享教育"）倡导，教学不是强制，而是激发学生的兴趣。

在愉悦的气氛中学习，唤起学生强烈的求知欲望，是趣味性教学的关键。

POP 概念水吧区，使空间具有趣味性与创造性。

通过彼此的互动，获得愉快的情绪，锻炼社交能力，并且接触各种事物，获得"第一手"的经验，培养感知能力，提高注意力、想象力和思维等方面的认知能力。

银奖

生命的探戈

设计单位：城市室内装修设计有限公司
设计主创：陈连武

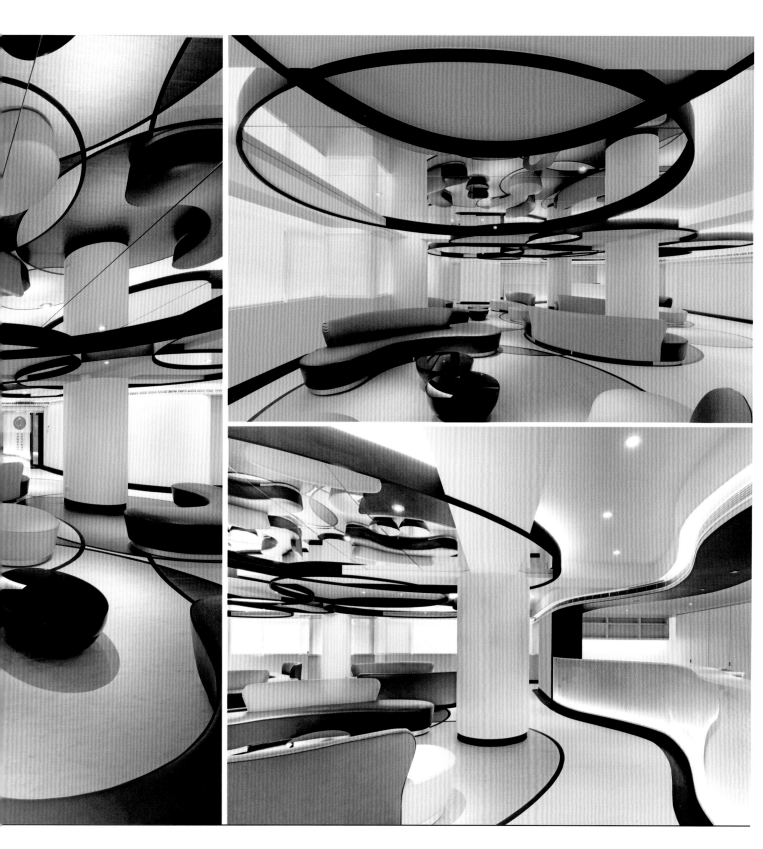

探戈，以一个四分音符化为两个八分音符，每个小节形成四个八分音符，如此顿错强烈的节拍，犹如细胞分裂，一为二、二为四地切分、繁殖，形成具有生命力的律动节奏。这是本案生殖医学试管中心的空间构思。

梯厅的入口，独立而发光的小圆点散布在空间中，就像最初始的生命状态。一个个饱满而跃动的圆点，由外而内顺着律动的弧形线条翩翩起舞，在天花板和地面上滑出大大小小的圆弧，而冷暖色调中蓝与黄的混搭，似男女共舞，以探戈的步伐移动。镜面天花板不断反射出地面的图形，犹如细胞分裂的殖生，也似多彩多姿的舞步，令人欣喜。

门诊候诊区与实验室区分别坐落在入口梯厅的左右两侧，以一个内部的服务动线相互串联，创造迴圈式的流通方式，犹如永不停滞的舞池，让曼妙的探戈舞出一首首愉悦的生命乐章！

教育医疗

银奖

TOPUP 国际体能开发训练机构

设计单位：山西一诺诺一设计顾有限公司
设计主创：赵鑫、李经纬

现代人的生活压力大，生活节奏非常快，因此对健康愈发关注。健身房多种多样，但大多数人对科学、专业的训练方法不甚了解，有的方法不见成效，有的方法难以坚持，有的方法不科学。基于此，TOPUP国际体能训练中心应运而生。

空间设计大量运用白色，点缀一些绿色，带给人健康、向上的空间感受；同时，较多地运用木饰面，用温馨取代冷酷。

整个空间分为五大区域：中心服务区、体能训练区、HOLOFIT全息训练区、巴西柔术训练区，以及小型书吧兼咖啡吧（为

学员提供一个休息、活动、交流沟通的区域）。

空间细节的布置非常考究。在更衣间内部，除了原有的新风系统，每个柜体安装一套独立的换风装置，确保空气清新，没有异味。灯光采用智能照明系统，根据

不同的时间段，调节色温。

　　整个场馆采用德国水处理设备，饮用水达到欧盟最高的标准，淋浴间的软化水也给客户提供更高级别的享受；采用德国先进的体态评估仪，有针对性地制订训练计划。空间设计旨在将健康、快乐、开朗、积极的心态传递给每一个人。除了空间设计，在课程设置方面也进行精心的安排。

HOLOFIT 课程对体能训练者来说是个颠覆性、革命性的创新，时尚科技和传统理念相结合的体能训练让每位参与者完全沉浸在训练体系中。

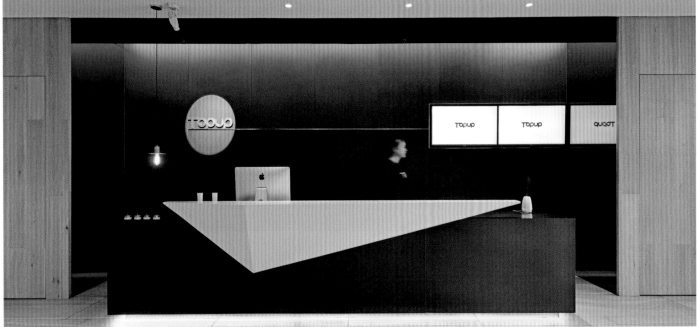

教育医疗

铜奖

年轮

设计单位：赖仕锦设计工作室
设计主创：赖仕锦

　　提到学习空间，我们会想到千篇一律的教室、沉闷呆板的书房。学习空间似乎和乐趣毫无关系。设计师在与业主的一次探讨中谈到这个问题，回忆起记忆中的学习空间，在那懵懂的孩提时代似乎并未留下多少好的印象，于是决定在住所里为孩子打造一个有趣的学习空间，伴随其学习成长。在方案构思之前，设计师脑子里浮现出树苗长成大树的景象，这是一种成长的期待。因此将年轮设定为空间设计的主题，有形式，有寓意，以圆为元素。建筑式样是独立的两层建筑，寓意"层层蜕变，更上一层楼"。

教育医疗

铜奖
斑斓时光

设计单位：西隅艺创

设计主创：唐列平、刘晓霞、刘开伟

项目位于东莞市工业重镇厚街三屯，属于厂房改造幼儿园。设计师旨在为附近的家长和孩子们提供一些色彩，淡化人们对于机器的冷漠。基于浅薄的感知，借用爱的方式，打造一个充满艺术趣味的儿童玩耍空间。这种趣味，并非植入式的，而是预留足够的空间，用孩子们的情绪以及时间去填满。在这里，孩子们对大自然充满好奇，开启一场神奇的探险之旅，去感受喜怒哀乐。

教育医疗

铜奖

君和堂中医馆 – 上海徐汇店

设计单位：无锡上瑞元筑设计有限公司
设计主创：费宁、陈青松

王老吉现泡凉茶的火爆并非偶然，在仓促高压的生活里，传统中式的慢生活萦绕在现代都市里人的梦中。

本案旨在为上海君和堂打造一个绝对中式但非完全复古的新中式空间。设计师摆脱界限和规则的束缚，重新思考，于无形之中，于情景之内，彰显东方场域的气质和风韵，用当代空间表情演绎传统中医国学的文化内涵。

无论医院还是传统中医馆，都难免带有使人胆寒的压抑、暗沉氛围，但这次医馆的空间设计有别往常，以开放宽敞的空间、明亮有序的照明颠覆传统医馆的刻板印象。

整体温暖的色调用来重组空间次序，丰富的细节为空间增添层次感。有质感的空间可以为顾客提供有态度、有温度的中医体验。

吊顶上灯饰错落，更显视野开阔、空气流动，无需太多神秘感，更加开放、自然。实木和透光材质的吊灯凸显古韵之风，同时满足现代照明需求，实现现代美学与传统工艺的有机碰撞。

柜台和存放药材的百子柜是医馆的核心。空间设计保留传统的医馆模式，贝联珠贯的小抽屉呈现严谨的秩序感，在灯光下熠熠生辉。

大面积的实木家具、壁材，营造出明亮、质朴的空间氛围，东方文化的内敛之气游荡在似有若无之间。

住宅

金奖

湘江一号

设计单位：长沙市点石家装城南旗舰店大宅定制馆
设计主创：罗锟

该住宅小区拥有良好的自然环境。设计师在原有外观的基础上做了一些改造，以"窗"为媒介，以大面积落地玻璃打通室内和室外空间，打造一个静怡、和谐、呼吸顺畅的现代空间。在室内，设计师遵循"少即是多"的理念，在设计手法上，倡导"流动空间"的新理念，利用简约、理性的形式，实现高度的功能化，不追求一丝一毫的刻意装饰。日本著名时装设计师三宅一生说："好的设计对设计师而言，仅仅是一半，更多的应该是留给使用者丰富的想象空间。"

住宅

银奖
朴·悦

设计单位：成都多纷建筑设计咨询有限公司
设计主创：杨隽

朴：质朴也真，对功能的深度挖掘与新整合，是热爱生活乃至生命本身的另一番心境。

悦：稳健之中，整洁与轻盈并存，身心愉悦。

朴·悦，是一种状态，化繁为简，但同时避免过于风格化，从而打造耐看、好用、亦可品的当代家居空间。

稳健 分明

初入整个空间，扑面而来的是其沉稳内敛、大气克制的气质。深色与原木色的鲜明对比为此番沉稳增添些许大自然的活力。几件大件家具均为深灰色；客厅中，黑色的墙、深色的画作，使空间愈发沉稳、饱满，拥有质感的同时，不失现代时尚气息。

自然采光略少的餐厅，采用更加利落、轻盈的手法，与客厅的幽深形成鲜明的空间跳跃。体量不小的边柜将各种餐具有序

地归纳在一起。

夜归，打开影音设备，躺进赭黄色的沙发微弱的灯光，静谧的氛围，整个空间笼罩在朦胧而耐人寻味的环境之中。待天明，拉开落地玻璃窗，拥抱阳光，整个空间的层次开始丰富、明快起来。

朴与质

空间中的每件家具无论形状还是用材均有着独特的质感，尽显品质。质地优良、做工精细的原创中式家具，含而不露，端庄稳重，使空间洋溢着浓郁的文化气息。在茶桌上摆弄茶盏，静下心来，泡上一壶好茶，伏案阅读，也可神游世界。

素雅 棉质

如果说共用空间的"稳健、可品"是整个家的基调，那么，卧室的素雅则带来另一番心境。诸多暗藏式收纳设计，将日常起居打理得井井有条，同时确保视野开阔、通畅。大面积的留白给人留下无限的遐想，整个空间更加简单、干净。

住宅

银奖
自然即是家

设计单位：佛山尺道设计顾问有限公司
设计主创：李嘉辉、何晓平
设计团队：余国能、何柳微

身处高速运转的城市，总让人疲惫、压抑、迷茫。

对山水天地、葱茏绿树、馥郁花香的向往由此变得更强。

被青山绿地包裹周身，眼前风情变成曾经不以为意的车流、灯火、高楼、人潮，竟也发现城市的另一种美好。

本案所在的香港跑马地半山就是一处被绿树花香环绕、以繁华都市为景的存在。

空间设计强化大自然的特质，化繁为简，去除多余的装饰，还纯粹、轻盈、通透于空间，确保空间功能齐全，令人倍感舒适，且居住者与屋外风景可直接互动。

入口至饭厅枫叶红的墙面由业主淘得，放置于客厅与餐厅之间的 2.7 米实木，亦是自然的表达。

在时间和阳光的作用下，火焰般的墙面和厚实的木头渐渐变化，正如自然界万

物的本能——呼吸与能量的循环。

　　住宅为家，装的是人，承载着感情，业主夫妇均为行医三十余年的医生，尊重设计、忠于生命、热爱生活，五口之家感情和睦，还有一猫一狗相伴多年，家之氛围浑然天成，无需刻意营造。

住宅

铜奖
河滨散记

设计单位：城市室内装修设计有限公司
设计主创：陈连武

假设一位事业有成之士，年少时一本梭罗的《瓦尔登湖》：远离尘嚣与自然共存的简约生活，深植其心，期许在功成名就之后，完成心中的向往。

那是一座通风、未粉饰的木屋，适合用来招待云游仙人，或让仙女的婆娑衣裙在屋里掠过。如云似雾的渐层夹纱玻璃门，开启屋子的第一道玄关，而墙面上的抽象画作，有如窗外大气云雾的延伸，与室内进行对话与交流，穿堂而过的风，是大地的天籁，等待仙人的到访。

"时间不过是我垂钓的小溪。我饮用溪中水；那浅浅的水流一溜而过，留下的是永恒。"黑色镜面大理石地面，静如停止的潭水，而波光粼粼的光泽墙面，亦如浅浅的溪流，缓慢地，遗忘了时间。

一只猫在湖边的石岸上散步著，一向最难驯服的猫，一旦进入森林，也好像回

到老家一样，石岩般的银灰粗犷纹理，遍布在空间之中，坚实而稳重，如砥柱般守护，而天花板以一种描摹远山的轮廓样貌，塑造群山起伏的韵律。业主似找到家的猫一般，呈现最自在、最放松的状态。

在这里，室内甘做一位景观与艺术品的陪衬者，只为烘托倾心与动容的景与画的收藏，让家犹如一篇业主撰写的散文，似诗意而隽永地低迴着……

住宅

铜奖

揽月居

设计单位：福建品川装饰设计工程有限公司
设计主创：蔡奇君

设计师偏爱月，又因房子位于顶层，故取名"揽月居"。本案以"月亮"为主题，力求在现代空间里融入远方的期待，打造充满诗意的"伊甸园"。

品茶区

品茶区中，采用大面积的落地窗，让人有"身居高百尺，手可摘星辰"的既视感；巧妙利用玻璃的倒影，领略"明月出天山，苍茫云海间"的美妙意境。

客厅

客厅中，白色与中性色的搭配，稳重而富有质感。大胆运用红色，既增强空间的节奏感，也为空间注入一抹神秘的色彩。背景墙上的人物挂画，让空间更加灵动、丰富。

餐厅

餐厅中，白色吊灯犹如一轮明月。夜幕降临，倒映在玻璃窗上的影子，仿若明月的投影，朦胧柔和，别有一番"月上柳梢头，人约黄昏后"的意趣。

厨房

开放式的厨房设计，大气时尚，以白色为主调，不破坏空间的整体性。内嵌式的柜体最大程度地增加了空间的储物量，同时确保空间的整洁。

卧室

走进卧室，全明的落地窗让窗外的"车水马龙"一览无遗，同时隔离了尘世喧嚣。红色背景墙上，一幅圆形装饰画透出东方禅韵，如一缕清淡的禅香，伴着主人酣甜入梦。

书房

静谧的夜，吊灯倒映在玻璃窗上，宛如一轮明月挂窗头。回望这一隅，全无造作痕迹，自然而灵动。明月虽是我们一直追寻却无法触及的美好，但设计师以这种方式打造了自己心中的明月，正如王阳明所言："吾心自有光明月，千古团圆永无缺。"

住宅

铜奖
致青春

设计单位：北京山乙装饰工程设计有限公司
设计主创：刘涛、汪嘉雯

　　春日朝晨簇新的阳光，从江边照过来的时候，整个屋子仿佛从沉寂的城市中苏醒过来。灰白色主调的墙面铺满客厅，加以清新的马卡龙色调，使其看上去就像一道甜点，散发着青春与梦幻的味道。

　　空间设计以人为本，在造型上运用圆弧处理阳角的手法，使空间圆润而流畅。在材质选择方面，使用不锈钢和金属装饰品，让柔软的空间稍微硬朗。白色的楼梯在灯带的反衬下，显得纯洁无瑕，像一只

白色的海螺，吹响儿时的歌谣。此时，嗅到秋的香味，日落之际的天空悄悄地被染成粉色，宛若一条浩瀚流淌的江河。

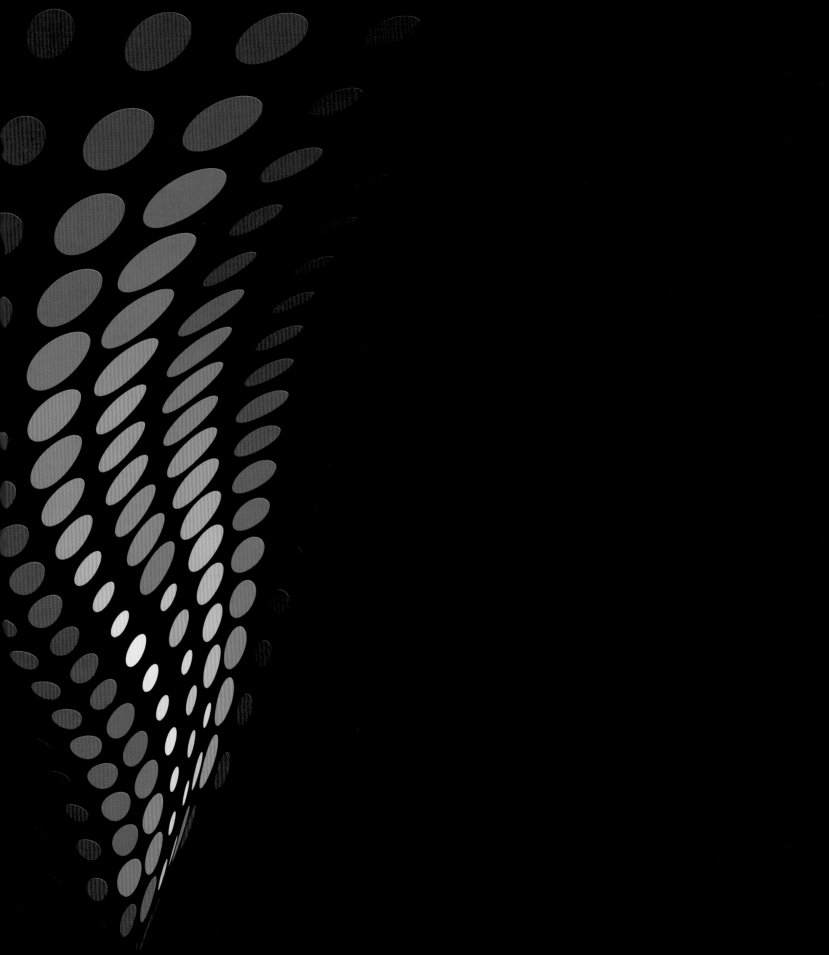

方案类

概念创新

银奖

壶瓶山居

设计单位：鸿扬家装

设计主创：张月太、王涛、杨觉

设计师的家乡位于湘西北壶瓶山，那里盛产青石，所以有很多石匠。每当他们开料凿石时，设计师便会跑去围观，喜欢听錾子在錾石头上的声音，喜欢看石匠们把一块块青石錾成方方正正的体块，好像他们想錾成什么样就能錾成什么样，喜欢从这块石头跳到那块石头，喜欢将石匠们錾下来好看一点的残料装进书包……

多年过去，现在的石匠越来越少，取而代之的是机器切割打磨，效率很高，但灰尘、噪声却让人无法接近，而且，石料已经没有人工錾出来的那种痕迹和自然。

2018年准备多年的"回山落宅"计划终于实施。对家乡的依恋与乡土情怀直接影响到项目的选址及用材，旨在尊重自然，将家乡山川和盛产的青石作为建筑空间的组成部分，彼此渗透。室内空间都是开放的，空气在这里自然流动，与远山融为一体。

设计师请来了经验丰富的老石匠，第二天，他便带着行头与设计师一同上山……

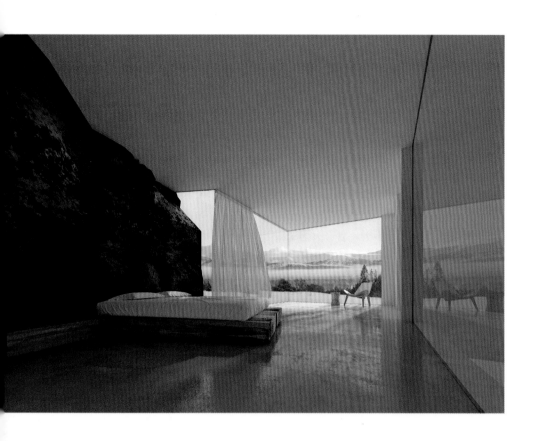

概念创新

银奖
Ballet 婚纱店

设计单位：湖南叁拾创设建筑工程有限公司

设计主创：夏凡

设计团队：杨金英、肖晓、庞兴、李萌萌

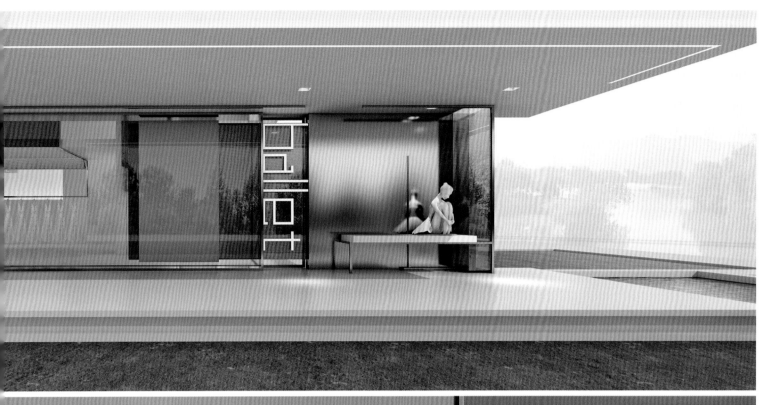

位于贵州的 Ballet 婚纱店由从俄罗斯归来的服装设计师创办。空间设计把时尚精致的现代气息体现得淋漓尽致，为尊贵的顾客带来独一无二的优质体验。

空间设计的灵感源自天鹅湖芭蕾舞，旨在通过王子与公主的爱情故事来祝福每一对新人。

设计师借助大量粉红元素与金属元素的碰撞，尝试改变，创造奇迹，寓意"在爱情的感染下，再刚强的男子都会发生不可思议的蜕变"。

在空间中，粉色元素"自然生长"于各个角落，简洁的金属线条纵深穿梭，给空中的芭蕾舞模特打造一个"爱"的舞台。

婚纱店的门面独特别致，为周围环境注入活力，首先映入眼帘的是时尚感十足的金属线条与粉色亚克力，鲜明的色彩对比在确保满足使用功能的同时，营造一体化且连续开放的空间，促进人与人之间的交流。借助色调与灯光的巧妙搭配，产品得以完美呈现。每个角落的灯光均经过精心的设计，考虑不同空间的用途，营造完美的光影效果。白色的环境与粉色元素相映成趣，尽显简单与典雅，带给每一对新人无比的浪漫与甜蜜。

概念创新

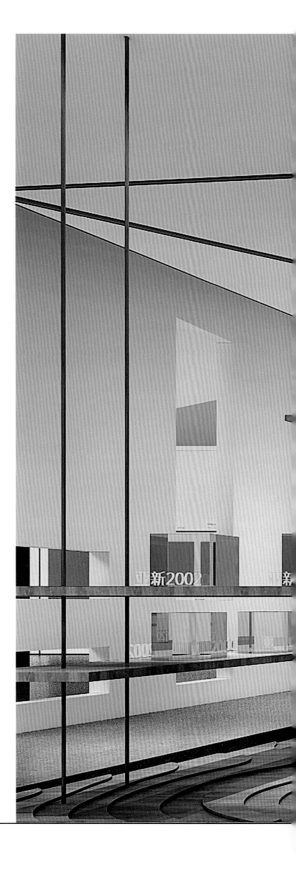

 铜奖

亚新锤范基地

设计单位：河南励时装饰设计工程有限公司
设计主创：钟凌云
设计团队：许尚、吴楠、魏蕊

　　项目位于河南省郑州市绿博大道南，037乡道以北地块，占地面积98 964.27平方米，包含接待中心、研发中心、后勤中心和样板间。本次设计的对象是接待中心（一期）。

　　接待中心的建筑面积为1998.95平方米，整体建筑以绵延起伏的山水和传统中式屋顶元素为主，采用现代化的技术手法，实现传统文化与现代技艺的完美统一。

　　室内设计延用建筑设计的装饰手法和元素，真正做到室内外一体化。建筑的折线屋顶造型导致室内空间的内部顶面同样为折线，空间的墙体与屋顶交界处没有一条水平直线，这对于室内造型的影响较大。因此，针对整体空间的顶面造型，设计师将外立面屋顶折线延续至室内空间的顶面。使空间更加简洁、纯净。形屋顶下，每个单元的小空间是一个独立得益于大块面的折线形体块关系，空间的梁结构、灯光及设备被巧妙地"藏"起来，空间布局方面，采用传统建筑群院落的盒子，同时与中庭水景相呼应，形成一个现代版的"山水村落"。的概念，以盒子为设计元素。在翻折的巨

概念创新

铜奖

1994·黑梦

项目地址：湖南省长沙市梅溪湖
设计公司：尺木建筑室内设计事务所
设计主创：向如、李丹娜

梦醒泪成殇，放开变离殇，人生苦一场。

淹没不了过去，即便是梦一场。

和弦拨响，夜雾迷离。

孤独是琴弦下的暗影，希望还在背景处细烛光般地闪动。

点一盏灯，听一夜孤笛声。

等一个人，等得流年三四轮。

风吹过，庭院深深，寂静幽冷。

一纸红笺，约下累世缘分。

概念创新

铜奖

红方

设计单位：鸿扬家装
设计主创：赵文杰

　　"红方"古朴自然的红砖是最古老的建筑材料之一。空间设计旨在打造一个传统与现代兼收并蓄的建筑空间。这里原本是沅江边一座旧建筑，作为大学教授度假之用。方案保留部分红砖的原建筑，形成整个空间的焦点天井。围绕天井，打造活动区，让建筑的每个空间都能"雨露均沾"，享受红砖的质感，聆听红砖的故事。在保证主体结构的同时，使建筑空间尽量开敞，扩大与大自然互动的窗口，体现业主度假时返璞归真的初衷。利用体块结构，使空间隔而不断，让空气和光线布满每块砖体，透过红砖墙"洒"入室内，留下古朴的光斑。

金奖

学社

设计单位：美迪装饰赵益平设计事务所
设计主创：唐亮、唐鑫宇

本案是永州城中村的一处长年搁置的老宅，村委会决定将老宅进行改建设计，作为人们工作之余休憩、交流、学习之所。老宅虽稍显破旧，但通过改造，既可以保留人们对它的独特记忆，又可以提高村民的物质生活水平。

本案取名"学社"。在保留原有建筑的基础上，通过白色体块，采用基本的形态组合，凸显老宅固有的气质，彰显匠人精湛的手艺，体现历经岁月的幽静、醇厚与执着。

设计师运用自然生态的基本元素，体现空间设计的精、气、神。材质方面，树枝是改变空间的点睛之笔，对树枝的进行重新组合、加固喷白，使其呈现各种形态，穿插组合，有序也无序，有虚亦有实，凸显空间的幽静，使人们在此放松休憩、交流学习。

空间设计强调当代和历史的碰撞。阅读室里，一束束笔直的光线穿插在幽暗的老宅顶部，仿佛在进行一场现在和过去的对话。暗调性中，自主光通过白色的树枝"洒"入室内，一把老藤椅、一盏现代落地灯，整个空间空灵而有趣。茶室里，太阳光通过老木板的自然缝隙，形成一道道光束，真实与虚幻的重构，营造出和谐宁静的高雅心境。

人生之美，美在心灵；书香熏染，完美人生。一份心灵的和谐，一份明朗的心情，一份坦荡的胸怀，一切回归本质，聆本意，释本质，唤醒自我对本质之美的感悟。

文化传承

银奖

白·止间

设计单位：水木言设计机构
设计主创：梁宁健
设计团队：金雪鹏、孙飘、李新丽

　　老西门街区原来为明清以来常德市武陵城内大、小西门之所在。重建之前，这里几乎被人遗忘。改造之后则成为常德为数不多且保存相对完整的原居民生活街区，并且是国家级文旅创综合体。

　　老西门街区改造后，居民回迁原地，延续并保留之前的生活方式：闹、繁、密、满、杂。选址在街区中间位置的书店，定位为让人阅读、思考、安静下来的场所，是展示老西门街区人文肌理的"窗口"。这里的一草一木通过书店的一呼一吸而不断地"新陈代谢"。

　　基于老西门整体建筑空间的生态平衡，书店的空间设计应有别于其他空间形态的闹与繁密，相对安静、纯净。于是，设计师将接近纯净状态的"白"定为空间主调，空间中的可视界面基本上做了"白"的处理，旨在达到一种"白"的饱满状态。

　　离书店 20 米，是常德会战碉堡遗址。遗址是纯混凝土结构，书店建筑形态有呼应之意。因此，建筑外观尽量不做任何改造，而是保留二者共同的厚重肌理。外墙材料不加装饰，只拆掉原先一层的标准化商铺铝合金门窗，改成大面积无框玻璃，以厚重感来衬托书店所需的白和纯净。

此外，老西门还保留着传统窨子屋建筑（至今有 1000 多年的历史）。窨子屋形似四合院，多为两进两层。外面高墙环绕，里内木质房舍，屋顶从四围成比例地向内中心低斜，小方形天井可吸收阳光和空气。

设计师对常德当地的传统民居建筑形态——窨子屋进行了改良，将其布置在空间中。把负一层、一层天花板做局部开洞，使其一气呵成，形成方斗状，其他部分也有方斗形装饰，作为呼应，形成楼层间的互动。传统中式民居在屋面采用磨砂玻璃瓦，以确保室内采光。设计师采用磨砂透光玻璃瓦，制作白色瓦瀑艺术装置，让人产生"听雨读书，光阴荏苒，数十年寒窗苦读"的场景联想。在"白"作为主调的空间中，地域文化作为一大文脉，贯穿始终，形成现代和传统的"双视线"。

"白"无谓开始，也无谓结束。也许，它就是一个恒定的过程，滋生万物，包容万物，继往开来。书店亦如"白"的属性，不断地接纳，不断地传承，生生不息。

文化传承

银奖
万源地质博物馆

设计单位：鸿扬家装
设计主创：谢志云、李明

四川省万源市山区地质学家发现，海洋生物化石距今已有上亿年的历史，在漫长的年代交替中，地球上曾经生活过无数生物，这些生物死亡后的遗体或遗留下来的痕迹，许多被当时的泥沙掩埋起来。在随后的岁月变迁中，生物遗体中的有机质被分解殆尽，坚硬的部分，如外壳、骨骼、枝叶等与包围在周围的沉积物一起经过石化而变成石头，但依然保留着原来的形态和结构。通过研究化石，科学家逐渐了解远古时代生物的形态、结构和类别，推测出亿万年来生物起源、演化、发展的过程，并且恢复漫长的地质历史时期各个阶段地球的生态环境。

本案从地质构造出发，结合山地情况，力求打造一座地质博物馆，设计师保留原有的地质形态构造，结合化石的特性，意欲建造一个更具仪式感的空间。材质运用方面，保留石头的质感，形成有趣的光影，营造良好的氛围。

文化传承

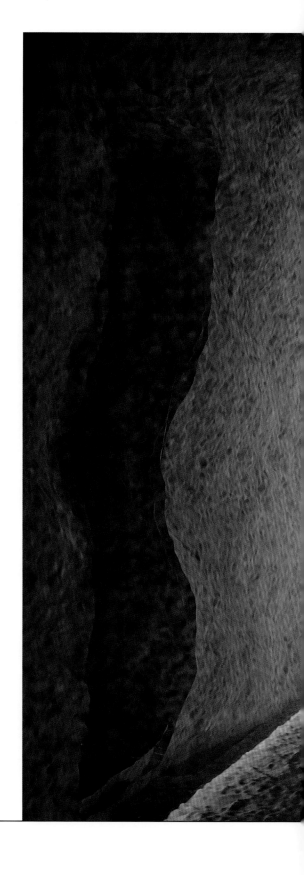

铜奖

窑

设计单位：鸿扬家装

设计主创：王炯丰、韩家辉

文化传承

当今城市发展太快，致使农村人口流失，被城市"浸染"过的农村打工者回乡纷纷修建"乡村别墅"，原窑洞居住者也逐渐搬出，出现了颇多空置荒废的窑洞。窑洞冬暖夏凉，舒适且节能，逐渐被人遗忘。

本案位于河南巩义山区的窑洞区。空间设计力求对现有荒废的窑洞进行提升改造，使之成为当地居民的艺术馆。扩建时，运用大量钢化玻璃材质，避免对窑洞造成破坏，作为抬升地面的材质以及重新挖开

内廊的玻璃构架，目的是为了保护古窑洞的完整性，从而吸引更多的人了解窑洞这一古老建筑形式，提升对于传统建筑的热爱。在这里，完好无损的传统空间洋溢着大自然的和谐之美。

文化传承

铜奖
琢心社

设计单位：绣花针（北京）艺术设计有限公司
设计主创：张震斌
设计团队：贺则当、张志娟、郭靖、刘亚、高文娟、吴鑫飞

琢·琢玉成器，经过修磨锻炼，方能成器成才。

心·修心养性，通过自我观察，达到完美境界。

社·里社众人，量变到质变，一生二、二生三、三生万物。

人生是一场独自的修行，谋生亦谋爱。在人生的旅途中，大家忙着遇见各种人，以为这是在丰富生命。然而，有价值的遇见，是在某个瞬间。

重遇自己……那一刻才会懂得走遍世界，也不过是为了寻找一条走回内心之路，有的路用脚来走，有的路用心测量，走好已选择的路。

琢心社，正如一场修行，用自己的内心，慢慢找寻、琢磨、体悟人生之路，走向灵魂的制高点……

在空间中，有狭隘的巷道，也有高阔的庭院，游走其中，几个老把件，几件艺术品，质朴而亲切。古老的踏步、斑驳的柱廊、厚重的石墩手盆，仿佛从当代空间穿越到300年前，整体空间与环境是那么和谐！原木色墙搭配老墙与白墙，水墨相宜。石窟洞窗，一束光，如同佛心指引欣然沉静。琴、棋、书、画、诗、酒、花、香、茶，如同油盐酱醋，调剂着不同的生活，不同的心灵历程。

在如诗如画的空间中，让思绪释然，让心灵明净而旷达，将心事在忙碌中收拾起来，晾晒于绿荫处，静静停歇。多一些舒逸，少一些杂念，用微笑看风落尘香，看雨绕篱墙，风景这边独好，这里就是心灵的归宿……

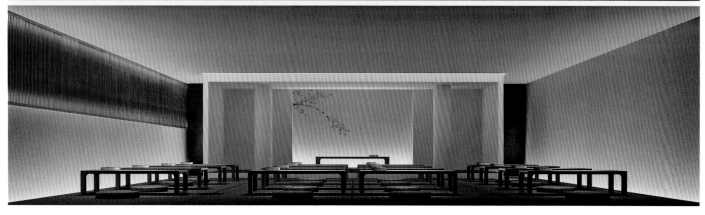

文化传承

铜奖
雅集

设计单位：湖南叁拾创设建筑工程有限公司
设计主创：唐桂树
设计团队：龚翔、肖晓、李萌萌、胡一鸣

山水叠嶂，波光粼粼，逃离城市的喧嚣，给内心一片宁静与安详。品水之雅，观山之集，停下忙碌的步伐，凝视曾经的过往，是否保留着那纯真的初心。

在这里，设计师采用现代建筑手法，表达对大自然的向往与敬畏，让大自然的景色贯穿整个空间，无处不景观，无处不自然。材质方面，选用水磨石、砂岩涂料墙面、亚克力、镜面玻璃、不锈钢板，水循环系统等。墙与墙的透空和转折，阳光在不同的时刻投影出不同的画面，让光影与大自然在整个空间里尽情舞蹈。通幽雅韵间，用中国红在素雅的环境空间中表达对中国传统的敬仰，绿水青山中，身体力行，守护几千年的中华文明。

生态环保

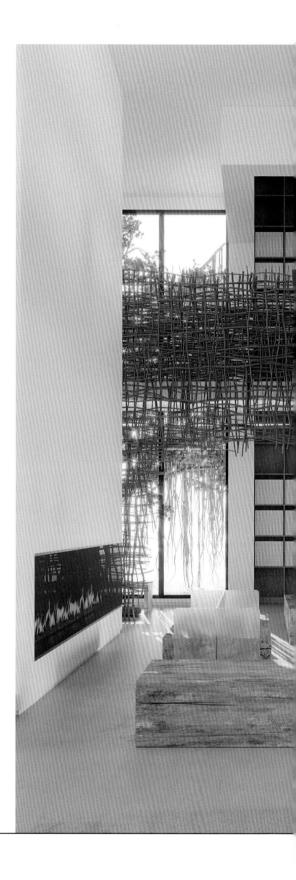

银奖

悦榕堂

设计单位：美迪装饰赵益平设计事务所
设计主创：徐一龙
设计团队：徐一龙、徐亮

　　本案位于广西壮族自治区河池市怀远镇。2018 年初，设计师接受业主的委托，对现有空间进行设计。业主出生于 20 世纪 70 年代中期，热爱戏曲，希望将此空间打造成针对成年人的国学会所，让朋友和客户在此感受中华传统文化的熏陶。

　　在本案踏勘初期，设计师发现建筑外围东南放向有一颗古榕树，周围树丛中有很多树藤，独木成林，因此，空间设计旨在将这种元素延伸至建筑之内。古树非常茂盛，建筑主体内一半以上的空间都能看到它，感受到透过古树"洒"进来的光影。

　　大堂空间原本比较封闭，因此，设计师拆除前台背后的墙面，非承重的部分打开一扇大落地窗，榕树的枝繁叶茂一览无余，让室内空间得到自然的关怀。前台使用亚克力制作，藤条内藏钢筋支撑，看上去浑然天成。前台的背后是会客厅，大面积的落地窗恰好也是空间的亮点。绕过大壁炉后是一间阅读室，用原木和亚克力制作长椅，二层通道延伸下来的是由树藤制作的藤条，人们可在此读书。楼梯底部采用亚克力，内部采用高强度树脂材料支撑。授课区设置在楼梯侧面，可进行茶艺、禅学的讲授。走过通道，来到二层戏曲中心，简单的陈列彰显出业主平时的质朴生活，这里也是业主平时练习地方。露台外吹着徐徐清风，感受大自然的恩赐，甚是心旷神怡。

空间主体未使用造成光污染的射灯，而采用发光管进行照明。由于该空间白天使用居多，因此尽量引入自然光线，作为室内照明。随着朝夕的变化，在不同的时间段，空间拥有不一样的韵味。

"华夏文明五千年，现代之人莫等闲，孔孟讲仁义，老庄乐逍遥，墨家行游侠，韩非是法家，张弛有度，文武兼备，深入研习，如痴似醉。"时间磨灭不了的需传承，时间改变不了的就是热爱。空间设计将业主对传承传统文化的执念融入建筑及周边环境。

生态环保

银奖

原址与重生

设计单位：北京山乙装饰工程设计有限公司
设计主创：王杰、匡颖智

本案位于宁乡灰汤，为旅游度假村项目，当地有许多老旧的土砖房建筑。空间设计旨在保留原址，唤起人们对古建筑的尊重；同时，把当地农村历经时代变迁之后遗留的产物和新鲜事物相结合，在原址基础上予以重生，保存人们的历史记忆。

在拆改过程中，设计师特意保留了当地土砖房的土砖和从老地基里挖出来的老石头，将其用于新建筑。材质之间的交融与空间透视的碰撞，将所有形态和造型融入这座新建筑。建筑外景在拆改过程中刻意保留一些老墙和树木，植入新的水景，让其再一次重生。材质运用方面，以生态环保为出发点，尽量就地取材、低碳节能。

整体空间化繁为简，把空间留给空间，还原人文建筑的本质。阳光洒入，霞光泛起的水波映在白墙之上，荡漾出优美的旋律；夜幕降临，原本安静的白墙在投影的作用下变得丰富多彩，完美地实现了空间转换。

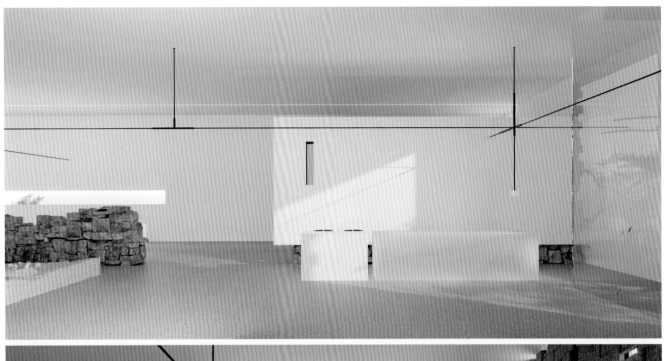

生态环保

铜奖
十里之外

设计单位：尺木装饰设计有限公司
设计主创：向如、周帅
设计团队：李丹娜、王昊

项目坐落于湖南省安化县境内，总占地面积约 700 平方米（含庭院和水池）。

本案名为"十里之外"，"十里"出自杜牧的"春风十里扬州路，卷上珠帘总不如"。诗中"十里"是指烟花繁华之地，而本案则彰显一种远离喧嚣的态度。

如何在喧嚣的城市里过上安逸的隐士生活？这便是空间设计最初的思考。

在结构处理上，尽量让空间大开大合，房间与房间之间没有完整的界限，让人在最初的感触上挣脱原本的束缚。水系蜿蜒地穿插在庭院和建筑之间，令人心旷神怡。光源的处理遵循环保的理念，大多借用从天窗、天井和四周门洞、窗洞射出来的自然光，辅以少量的射灯光源，使空间明亮、通透。建筑选材方面，力求环保、简洁，没有过多地运用浮夸、华丽的材料，而是返璞归真，采用大量的黑、白自流平、岩石板、老木料。再把这些淳朴、明亮的材质衬于纯净的白墙之上，让人第一眼便感到放松、纯净、怡然自得。这也符合最初的设计理念——远离城市的嘈杂，坐在角落里，听琴声，发呆。

繁华十里，不如你。

生态环保

铜奖

上海生活垃圾科普展示馆

设计单位：上海现代建筑装饰环境设计研究院有限公司
设计主创：李越、蒋春涛

　　上海生活垃圾科普展示馆位于上海市浦东新区老港镇——老港固废综合利用基地，位于距市中心约 70 千米的东海之滨。老港固体废弃物综合利用基地是国内最大的生活垃圾处理园区，承担上海市 50% 以上的生活垃圾处理任务，同时汇聚多项生活垃圾资源化处理示范工程及重大科技成果。

　　科普馆利用场地现有一幢单层二跨厂房（原机修车间）：一侧层高 8.7 米，另一侧层高 3.5～4.7 米，建筑面积 1574 平方米。一幢单层单跨厂房（原小机修车间）：层高 7.9 米，建筑面积 335 平方米；新增两栋楼之间的连廊，建筑面积 227 平方米。建筑面积总计 2136 平方米。机修车

间为双跨单层混凝土排架结构，为高低跨，预制混凝土柱，预制混凝土薄腹梁，预制大型混凝土槽型板。小车间为单跨单层混凝土排架结构。

　　科普展示馆由主馆、附馆和连廊组成。主馆功能包括门厅、序厅、三个展示厅及尾厅。附馆内设置一个可容纳 55 人的影视

厅、纪念品销售展示区，以及线上线下互动区。总体设计以"再生"为主题，贯穿建筑规划、总体景观、室内空间及展陈设计的方方面面。

建筑设计方面，保留原有建筑体量和原机修车间高低跨的外观，拆除现有室外破旧的雨篷除，并用连廊将两幢建筑连接起来，改造形成科普馆的主体建筑。改造设计方面，首先，对现有建筑进行质量检测，并对现有结构进行抗震检测及安全性复核。重点在于主入口的尺度和导向处理。其次，根据被动式建筑的要求及室内空间的使用特点，重新设计开窗大小及形式，并增建金属百叶室外遮阳系统，以便控制西向和南向的阳光。同时，按照节能设计规范标准，新增外墙及屋面保温层，建筑屋顶新增太阳能光伏板为科普馆提供照明用电。在主馆及附馆局部西侧外立面，设置爬藤垂直绿化，以减少西晒的影响。所有外墙门窗采用中空节能玻璃和铝合金断桥门窗，以便满足自然通风、采光，并确保低碳节能。

景观设计延续了"再生"理念，在功能分区、空间重构、交通引导、材料运用方面均遵循"生态可回收、再利用"的设计原则。人行道及广场硬质铺装主要选用环保透水砖，室外则选用防腐木地板等。展馆周边的绿化主要分为大乔木和地被两个层次，场馆前的广场和两个展馆之间的过渡空间保持通透、干净的整体环境。保留展馆南面的几棵比较大的香樟树，增加一些有色叶树种，减少中间层次的大灌木，让观者的视线聚焦于展馆建筑。

室内及展示设计方面，根据各区域不同的照明要求，合理利用自然采光。照明采用分区控制的措施，展厅等区域采用智能照明控制系统，以便根据自然光的变化，自动调节并控制室内的照度。展厅等照度要求较高的空间采用环境照明和重点照明相结合的方式。展厅内使用的装饰木板及基层板约50%由可回收的再生材料制成。主馆门厅顶上的艺术吊灯使用回收的塑料瓶定制而成；门厅背景墙上的"绿色山水"概念雕塑由回收的金属板制作；副馆的生命树灯由经过再利用的PVC排水管制成；灯罩则是将废弃的塑料加以回收，由塑料粒子压制而成。树木以"垃圾"为意象，象征生命的延续，寄托了设计师的美好愿望，愿人类和大自然和谐共处，生生不息。

生态环保

铜奖
草色烟光

设计单位：美迪装饰赵益平设计事务所
设计主创：胡海龙
设计团队：胡海龙、张都

本案位于长沙市洋湖片区湿地公园。设计师接受甲方的委托，在洋湖湿地公园休闲区打造一个供游客休憩、喝茶的空间。当前，空间对外开放，后期甲方可能对外招商。此处地势较低，遍布浅水湿地，一眼看过去，全是芦苇，风景优美。

洋湖湿地公园过去是一片荒芜的湿地，2010 年规划成中部最大的城市湿地公园。设计师经过实地考察，发现现场有许多天然的大石头、枯树，还有一大片芦苇丛。故在方案前期，设计师考虑如何保护自然环境，充分利用湿地现成的生态材料。

在建筑结构上，尽量打造开阔的空间，将芦苇从室外引到室内，成片的芦苇林让建筑与水结合在一起。建筑主体全部采用素水泥材质，让建筑与环境和谐共存。整体建筑规划成五个休闲空间，从空间伊始，利用枯树加工成的水上汀步来增加大自然

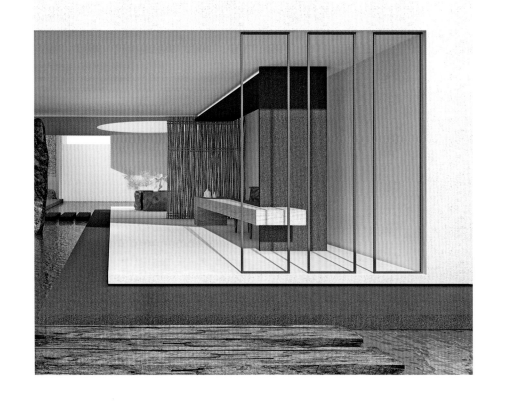

与人的亲近感，再将一块大石头做成立柱小景，加上由树木加工而成的茶台，并结合后期加工的芦苇杆，形成空间的隔断。中心休闲区打造成两面与水相结合的开阔空间，再与旁边的芦苇连在一起。整体空个与洋湖湿地特有的地理环境相得益彰，让人忘记城市里的条条框框，接触最自然、质朴的材料，敞开心扉，放松身心。

夏日里，凉风习习，夹杂着芦苇、荷花和青草的清香，令人心旷神怡。

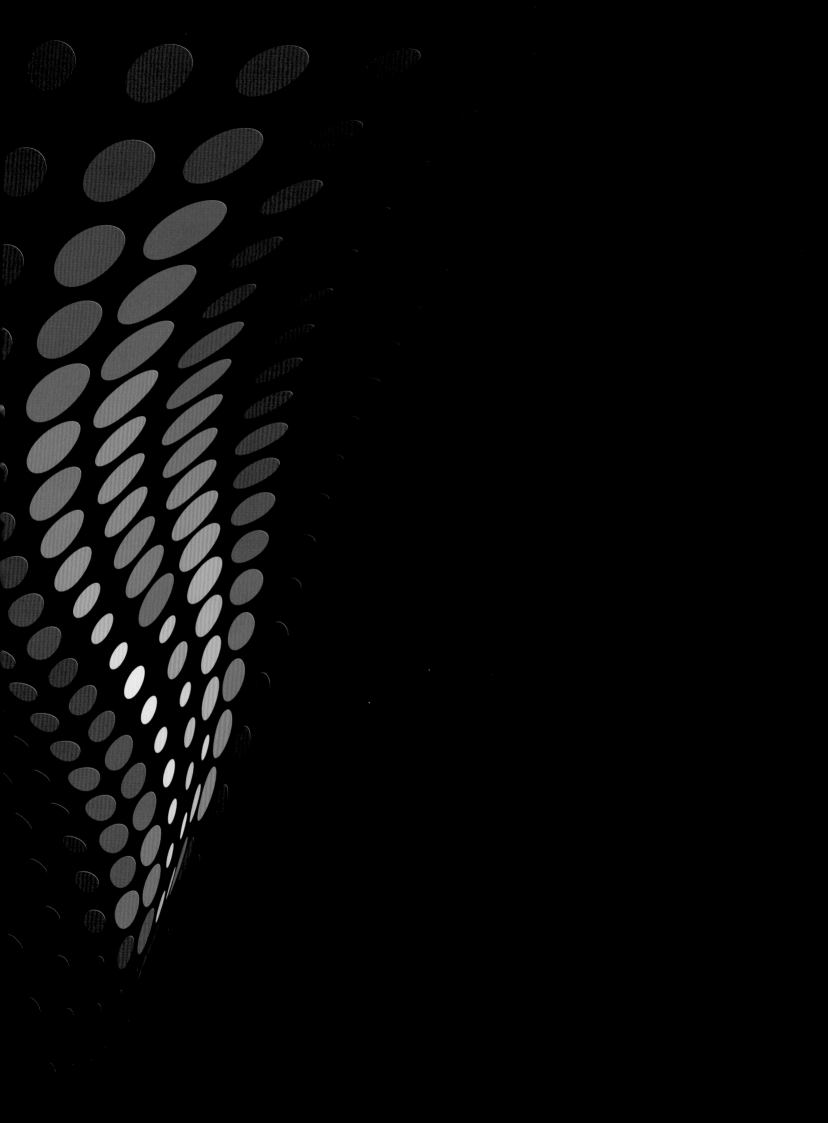

新秀奖

木空

设计单位：广东星艺装饰集团股份有限公司
设计主创：吴家春

这个办公空间取名为"木空"。整个空间由五个极具趣味的木盒子组成，设计师赋予每个盒子不同的功能和使命。通过空间内不同程度的地面抬升和下沉，以及视线方向上的隔断和重组，整个空间极具层次感。大量使用木材，践行可持续发展的理念，在设计之初便植入绿色生态的元素。

整个空间分为公共区域、接待区、装置区、办公区等，公共区位于中央，以其为中心，形成围合之势，所有功能区分布四周。从最里面的入口进去，是五人办公区，这里比较私密，1.3米高的隔断将五个空间分隔开来，隔断的高度正好可以阻挡人坐下时的视线，保证工作区的独立性，同时与其他区域"隔而不断"，方便交流与沟通。这里借用柯布西耶在拉图雷特修道院里对最小尺度的探讨。每人仅拥有一个供转身的空间，一张长条办公桌、一把椅子、一整面书柜。书柜用钢板做成方格状，形成强烈的秩序感，整个空间秩序井然、宁静和谐。

盒中盒——
OLINK 科技创新加速器

设计单位：枚拾设计
设计主创：陈王思

空间设计力求将不同的盒子置于长盒之中，设置"盒中有盒"的体块空间关系，高低错落，如重叠、交错、对应、连接，使之交流、互动，功能多元且灵动明朗。

公共空间强调功能多元、互动开放，序列化流线与盒子空间相依相存、光影有秩，以黄蓝撞色和金属质感为特色的软装

家具跳跃其中，极具视觉冲击力，营造了互动交流的创客环境。

三层为独立的办公室、接待大厅、咖啡区、互动休闲、健身房等公共区域。中空区，在垂直关系上，实现功能重叠，构建互动、交流、交错、对应的空间关系，独立成组。将楼梯、吧台、休闲洽谈区巧

妙融合，尺度、功能、体块感一气呵成，既是整体聚落又是分区组合。

四层以会议室和独立的办公室为主，比三层更为宁静。咖啡区的夹层设计连通了中空双层，使两层之间的互动更加有趣。

色·季

设计单位：湖南恋念不舍设计工程有限公司
设计主创：谢俊、易轩羽

　　本案的业主是一对新婚夫妇，这套改善型住宅的空间设计完全契合业主的生活方式，远离城市的喧嚣与烦扰，尽量多一点空间留给自己，为孩子营造舒适的成长环境，享受原生态一般的惬意。空间设计化繁为简，遵循自然规律，各种色彩相互交融，空间气质包容万千。

斯途·双公山居

设计单位：长沙德思奇家居有限公司
设计主创：黄希、肖潇

斯途·双公山居坐落于湖南省益阳市安化县 4A 级景区茶马古道旁，是一家建在茶园中、以茶文化为主题的高端民宿。园区内有成片的生态茶园、有机农场、标准间、客房、家庭房、半山清泉泳池、休闲咖啡吧、会议室、中餐厅、丛林穿越拓展等体验项目。

本案为双公山居提质改造设计工程。

项目本身是一个车库，现场较杂乱，上面是一个露天平台。北面是一片树林，芭蕉丛生；东面是一个荷花池，池塘鹅戏，景色秀丽，自然随性。女主人希望利用这里的地理优势，打造一个集中餐厅和休闲吧于一体的空间。

建筑与室内设计一体化是未来空间设计的趋势。二层休闲吧的坡屋顶是钢结构，与三层的凉亭在外观上保持一致，提供更加特别的空间感受。为了确保室内设计和建筑风格相统一，首先应做到视觉上的和谐统一。简约也是空间设计的出发点，利用原有的结构、空间、层高以及较好的景观优势，让室内与室外进行互动。二层入

口设在一层荷花池上，整个空间通透大气、功能完善，中餐厅、休闲吧、会议室一应俱全。

中餐厅层高较低，为了获得营造的空间效果，顶面使用通透的木格栅，一方面方便灯具的安装，另一方面与立面木格栅相呼应。墙面采用护墙板设计，确保空间的点、线、面关系更加和谐、统一。

二层休闲吧的木制品颜色较深，与传统咖啡吧有明显的区别，与一层中餐厅保持一致，确保整体色调和谐。

三面均采用大面积的落地玻璃，形成独一无二的绝佳视角。沉醉古朴的色彩和质感，整个空间好像自然生长于环境之中。

从休闲吧西面可以直接进入会议室，空间设计力求合理利用山居的现有资源。会议桌是从大堂吊运过来的，产生了令人意想不到的效果。

家庭房采用上下床的设计，可同时满足4人居住。墙面的艺术涂料使整个空间更加朴实，一整面的落地窗将远山自然景色尽收眼底。

大堂利用原有建筑坡屋吊顶的挑高空间，将业主的艺术收藏品融入其中，搭配时尚的家具，使传统与现代巧妙融合。

清水平台本身有良好的景观环境，所以将之前的顶面稍作规整，并提炼安化黑茶的金花元素，运用于顶面，使空间更加干净、舒适。

烟雨笼茶山，土狗卧门前，古道路漫漫，耕读传家远。来时不觉有仙境，到时方知无俗尘。

白鹿原

设计单位：北京山乙装饰工程设计有限公司
设计主创：王端正、王志远
设计团队：山乙建设

项目位于湖南长沙，临湖而居，背靠高山。业主想要在烦扰的城市中寻找一个属于自己的安静空间。

设计师与业主第一次见面，业主打扮得干净、利索，话不多，指了指自己家说，"我不喜欢任何风格，一个简单、合适的家即可"。设计师笑了，钦佩这位"甲方"的透彻感悟。

空间设计以极简为理念，不做过多的造型处理，通过点、线、面的切割，使空间简约而不呆板。白墙和水泥墙突出空间层次，简单的柜体结构满足日常储物功能，灯光和少量摆件活跃了整个空间。定制的餐桌和茶几、做旧处理的原木和玻璃，让空间保持灵动的同时，彰显岁月的痕迹。当代设计并非无病呻吟的堆砌，而是尽显一番化繁为简的真挚，还原空间的本质，遵循设计的初衷。

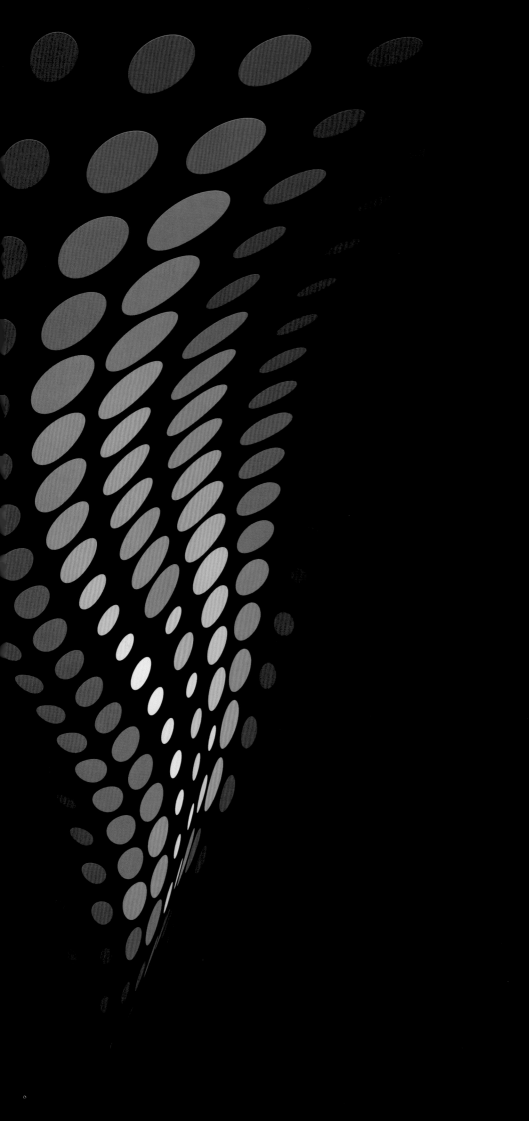

入选奖

沪上会馆

设计单位：苏州市庞喜设计顾问有限公司
设计主创：庞喜

X-CLUB

设计单位：广州共和都市设计有限公司
设计主创：黄永才

喜多娜·三合行馆

设计单位：昆明良屋装饰设计有限公司

设计主创：桂馨源、王永源

后院驿站精品民宿

设计单位：悉地（北京）国际建筑设计顾问有限公司

设计主创：李秩宇

百晟花园 – 曲水流思

设计单位：广州道胜装饰设计有限公司

设计主创：何永明

南阳三川垂钓基地

设计单位：郑州青草地装饰设计有限公司

设计主创：郑州青草地装饰设计有限公司

三门峡联盟新城会所

设计单位：郑州青草地装饰设计有限公司
设计主创：郑州青草地装饰设计有限公司

虹桥郁锦香酒店室内空间

设计单位：上海现代建筑装饰环境设计研究院有限公司
设计主创：贺芳

工体餐饮综合体

设计单位：NM DESIGN · 浓墨空间规划设计公司
设计主创：苗剑飞、倪秀兰、温明

苏 SHOW

设计单位：苏州苏明装饰股份有限公司
设计主创：陈天虹、林孝江

J 大侠中华料理

设计单位：香港品界联合室内设计有限公司
设计主创：翁德、梁剑峰

领头羊铜锅涮

设计单位：蓝色设计
设计主创：乔飞

茶日子

设计单位：1921 空间设计
设计主创：熊赞芬

味·界

设计单位：福建国广一叶建筑装饰设计工程有限公司
设计主创：黄日 、肖艳梅

乐宴

设计单位：福建国广一叶建筑装饰设计工程有限公司
设计主创：何巧明

MAYS 餐厅

设计单位：广州道胜装饰设计有限公司
设计主创：何永明

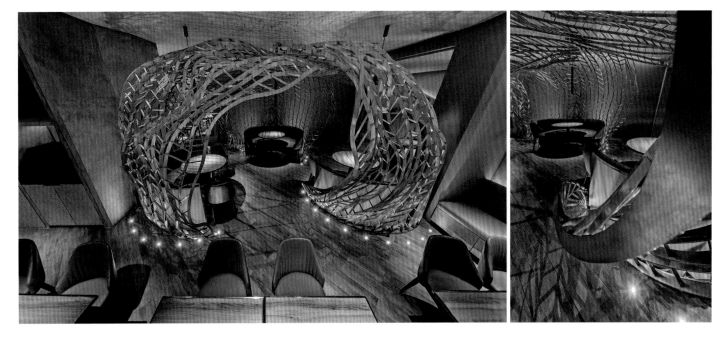

香格里艺术餐厅

设计单位：HSD.(佛山) 黄氏设计师事务所

设计主创：黄冠之、黎啟康

歌王 KTV

设计单位：徐州三和圆装饰工程有限公司

设计主创：赵波波

仙姿美容美甲美睫沙龙店

设计单位：泉州市结禾装饰设计有限公司

设计主创：林海

悠然汤

设计单位：苏州苏明装饰股份有限公司

设计主创：唐国贤、金志明、陈菊俊

喜舍女子水疗馆

设计单位：河南壹念叁仟设计
设计主创：李战强

厦门中海上湾销售中心

设计单位：广州奥迅室内设计有限公司
设计主创：罗海峰

重庆国宾壹号院售楼处

设计单位：大伟室内设计（北京）有限公司

设计主创：罗伟

北京壹号院营销中心

设计单位：大伟室内设计（北京）有限公司

设计主创：罗伟

万科城市花园销售中心

设计单位：广州市柏舍装饰设计有限公司
设计主创：柏舍设计

SY·集木

设计单位：重庆周令装饰设计有限公司
设计主创：周令

张家口招商中心售楼处

设计单位：北京丽贝亚建筑装饰工程有限公司
设计主创：刘旭东、贾江

K11-CAFÉ MODI 咖啡厅

设计单位：FILL STUDIO 设计工作室
设计主创：杨跃文

中鹰·黑森林销售中心

设计单位：湖南行舍空间设计机构

设计主创：谢江波

三亚华皓亚龙府售楼处

设计单位：广州市本则装饰设计有限公司

设计主创：梁智德

福州院子

设计单位：深圳市布鲁盟室内设计有限公司

设计主创：邦邦

VICUTU 天津旗舰店

设计单位：中国建筑设计研究院有限公司

设计主创：曹阳、马萌雪、张洋洋

格调

设计单位：东极鼎盛品牌环境设计事务所
设计主创：张楠

麦田梦境

设计单位：上海晰纹与洋建筑设计有限公司
设计主创：郭晰纹、吴耀隆、徐朱华

洛阳酒祖杜康会所

设计单位：河南壹念叁仟设计
设计主创：李战强

素朴－初心

设计单位：洛阳川木力克空间设计事务所
设计主创：赵颖、常莉元、张国栋

素色思维

设计单位：重庆周令装饰设计有限公司

设计主创：周令

韵域

设计单位：南京丛氏空间设计顾问有限公司

设计主创：丛宁

YMLT · 办公室

设计单位：一亩梁田设计顾问
设计主创：曾伟坤

联想工业大数据产业应用联盟室内空间

设计单位：北京清石建筑设计咨询有限公司
设计主创：李怡明、周全贤、李佳静、吉士超

东升国际孵化器联合办公空间

设计单位：北京清石建筑设计咨询有限公司
设计主创：李怡明、吕翔、时超非、李佳静、吉士超

上海哈芙琳服装科技公司

设计单位：无锡上瑞元筑设计有限公司
设计主创：费宁、陈青松

郎昇 LONSHINE 集团

设计单位：南京道伟室内设计工程有限公司
设计主创：王伟、王良川、王啸

HPLY 总部大楼室内空间

设计单位：上海现代建筑装饰环境设计研究院有限公司
设计主创：张珉、陈劼、丁少杰、王斌

斐讯西南区研发中心总部办公 / 孵化中心

设计单位：上海现代建筑装饰环境设计研究院有限公司

设计主创：何澄峰、王增莲、赖文莲、殷朦婷、张洁

浦东机组航前准备大楼装修项目（局部加固）

设计单位：上海现代建筑装饰环境设计研究院有限公司

设计主创：张国恺、罗羚、宋海瑛、郭光、王浩

无心庭

设计单位：福州东西设计有限公司
设计主创：李超、陈志曙

民国物语博物馆

设计单位：象境（天津）环境艺术设计有限公司
设计主创：王严、李步密

河北省园博会（秦皇岛）主场馆

设计单位：北京建院装饰工程设计有限公司

设计主创：孙霆、周俊、张志忠、史亚苗、牛凯

泰安大汶口乡奢艺术接待中心

设计单位：中国建筑设计研究院有限公司

设计主创：曹阳、李毅

幸福蓝海国际影城西安店

设计单位：无锡上瑞元筑设计有限公司

设计主创：费宁、陈青松

长春博物馆

设计单位：中国建筑设计研究院有限公司

设计主创：曹阳、马萌雪、沈洋

上海历史博物馆

设计单位：上海现代建筑装饰环境设计研究院有限公司
设计主创：陈劼、张珉、吴洁静、周仁懿、邱锦

厦门国际会议中心

设计单位：北京建院装饰工程设计有限公司
设计主创：张涛、孙传传、陈静、贾静、张玉芝

北京西铁营万达广场

设计单位：北京清尚建筑设计研究院有限公司

设计主创：曾卫平、郭玉聪、邱虹、杨阳、郝永勤

呼伦贝尔海拉尔机场新航站楼

设计单位：博溥（北京）建筑工程顾问有限公司

设计主创：刘珂、刘春录

成都中医大银海眼科医院

设计单位：香港澳华医院建筑设计咨询有限公司

设计主创：杨洵、张乐

武汉市第一商业学校发型设计综合实训基地

设计单位：武汉市第一商业学校

设计主创：孙成

清华挪威 BI 商学院室内空间

设计单位：北京清石建筑设计咨询有限公司
设计主创：李怡明、周全贤、吉士超、李佳静

宋庆龄龙玺台幼儿园

设计单位：成都上界室内设计有限公司
设计主创：李军、谌伦琼、陈少钟、徐徐、慕亚凝

灵伽

设计单位：尺木建筑室内设计事务所
设计主创：周帅、王昊

一生口腔

设计单位：河南壹念叁仟设计
设计主创：李战强

云想衣裳花想容

设计单位：福建国广一叶建筑装饰设计工程有限公司

设计主创：陈晗

画卷

设计单位：物上空间设计机构

设计主创：蔡天保、张建武

低调亦奢华

设计单位：梁豪室内设计有限公司

设计主创：梁豪

闽净

设计单位：峰尚室内设计有限公司

设计主创：张鹏峰

和静

设计单位：峰尚室内设计有限公司
设计主创：张鹏峰、陈李健

墨舍

设计单位：雷恩（北京）建筑设计有限公司
设计主创：高斌

2402 住宅

设计单位：佛山市集创舍室内设计有限公司
设计主创：卢伟坚、何家城

1714 住宅

设计单位：佛山市集创舍室内设计有限公司
设计主创：何家城、卢伟坚

北京壹号庄园独栋别墅

设计单位：广州魅无界装饰设计有限公司
设计主创：方若非

原居

设计单位：鸿扬家装
设计主创：贺丹

色·韵

设计单位：鸿文空间设计有限公司

设计主创：吴烙岩、刘小文

F House（极致生活之家）

设计单位：鸿文空间设计有限公司

设计主创：吴烙岩、严伟文

陈宅

设计单位：鸿扬家装
设计主创：寇准

罗宅

设计单位：鸿扬家装
设计主创：张月太

HUI 住宅

设计单位：鸿扬家装
设计主创：朱文燕

Small · 80 空间

设计单位：福建国广一叶建筑装饰设计工程有限公司
设计主创：林玉芳

映迹

设计单位：黄海华设计工作室
设计主创：杨鹏

半糖时光

设计单位：长沙观设计事务所
设计主创：申薇、钟智胜

锦序

设计单位：北京山乙装饰工程设计有限公司
设计主创：李沛、杨鹏、王志远

柔合韵

设计单位：北京山乙装饰工程设计有限公司
设计主创：周一帆、熊嘉玲

长春兴隆保税区高新技术产业孵化园区二期工程室内空间

设计单位：哈尔滨工业大学建筑设计研究院

设计主创：王野

线的态度

设计单位：江苏世纪名筑建筑装饰工程设计有限公司

设计主创：吕欣、王鑫、李明、鲁亚东

未来城

设计单位：苏州苏明装饰股份有限公司

设计主创：陈天虹、唐国贤

梦想树屋

设计单位：长沙观致装饰设计工程有限公司

设计主创：张林、陈述

折

设计单位：福建国广一叶建筑装饰设计工程有限公司

设计主创：黄日 、肖艳梅、陈晓瑶

苏州工业园区青剑湖中学

设计单位：苏州东田呈文工程设计事务所有限公司

设计主创：杨晨

扬州市蜀冈小学

设计单位：苏州东田呈文工程设计事务所有限公司

设计主创：杨晨

武汉 K11

设计单位：HASSELL

设计主创：何颖珩、Andrew Yip、郑嘉卿

上海博物馆东馆

设计单位：上海现代建筑装饰环境设计研究院有限公司
设计主创：江涛、何嘉杰

金堂书院

设计单位：上海晰纹与洋建筑设计有限公司
设计主创：郭晰纹、吴耀隆、徐朱华、孙东杰

越南胡志明市 HCMC 289 室内装饰

设计单位：上海现代建筑装饰环境设计研究院有限公司

设计主创：张珉、傅真、周仁懿、吴洁静、邱锦

成都天府国际机场酒店室内空间

设计单位：上海现代建筑装饰环境设计研究院有限公司

设计主创：庄磊、侯建琪、朱砂、李辉、张玲玲

上海马戏城改造

设计单位：上海现代建筑装饰环境设计研究院有限公司

设计主创：卢铭

广州友利电商园

设计单位：广州林慧峰装饰设计有限公司

设计主创：林慧峰

上海医谷医大医院项目门急诊医技综合楼

设计单位：上海现代建筑装饰环境设计研究院有限公司

设计主创：王传顺、朱伟、焦燕、李涛、金喆

成都市圣洁医院

设计单位：中国建筑西南设计研究院有限公司

设计主创：张国强、蒋伟、徐进

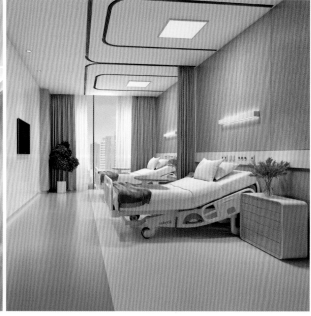

成都金苹果公学（中德英伦联邦校区）中学室内装饰

设计单位：中国建筑西南设计研究院有限公司

设计主创：张国强、涂强

舍尘

设计单位：湖南省天匠空间装饰设计有限公司

设计主创：张向东

北京商务园休闲中心

设计单位：北京丽贝亚建筑装饰工程有限公司
设计主创：刘旭东、贾江

度

设计单位：福建无印良品空间设计有限公司
设计主创：陈绍良

本初

设计单位：尺木建筑室内设计事务所

设计主创：周帅、李丹娜

天青

设计单位：上海晰纹与洋建筑设计有限公司

设计主创：郭晰纹、吴耀隆、梁盛、杨菁

浮生

设计单位：鸿扬家装
设计主创：沈岳钢

乡间 - 林宅

设计单位：鸿扬家装
设计主创：李宏亮

10 号面馆

设计单位：湖南安漫室内设计有限公司
设计主创：周磊光

一处，清闲

设计单位：鸿扬家装
设计主创：刘卓

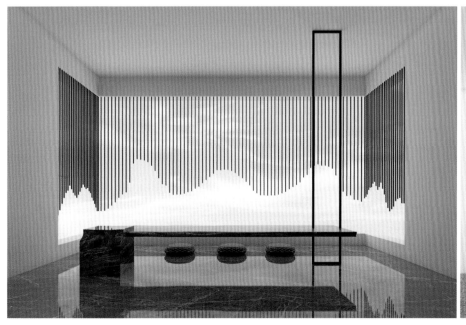

白马回龙民宿改造

设计单位：湖南乙木观道装饰工程有限公司

设计主创：张哲宇

安韵 · 美域

设计单位：本舍质造室内设计有限公司

设计主创：熊文质

曦园

设计单位：本舍质造室内设计有限公司

设计主创：熊文质、吴经文

安歆美域酒店

设计单位：点石家装城南旗舰店

设计主创：周利

素色

设计单位：随意居装饰

设计主创：吴渊、李俊林

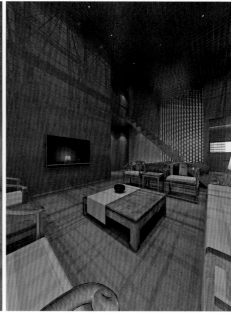

养生驿站

设计单位：象境（天津）环境艺术设计有限公司

设计主创：王严、李杨

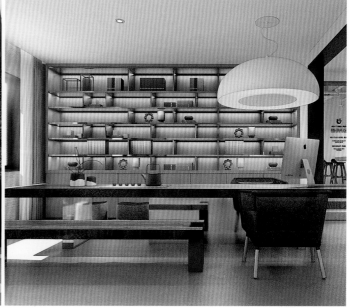

Bohol Sojourn 酒店

设计单位：江苏世纪名筑建筑装饰工程设计有限公司

设计主创：吕欣、李欣、刘威

一月风景，一方天地

设计单位：四川素禾一生装饰工程设计有限公司

设计主创：杨茅矛、张旭、刘聪

乐宴

设计单位：福建国广一叶建筑装饰设计工程有限公司
设计主创：何巧明

回归

设计单位：湖南宅里装饰设计有限公司
设计主创：王彩琼、张应、郭重阳

镜中人

设计单位：鸿扬家装

设计主创：沈岳钢

砌舍

设计单位：鸿扬家装

设计主创：寇准、程思祥

方盒子

设计单位：鸿扬家装

设计主创：谢志云、李明

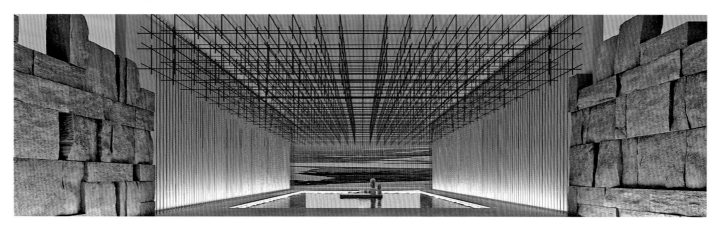

最佳设计企业奖

◎鸿扬家装

壶瓶山居	银奖
万源地质博物馆	银奖
共和会馆	银奖
红 方	铜奖
窑	铜奖
原居	入选奖
陈宅	入选奖
罗宅	入选奖
HUI	入选奖
浮生	入选奖
乡间－林宅	入选奖
一处，清闲	入选奖
镜中人	入选奖
砌舍	入选奖
方盒子	入选奖

◎湖南美迪赵益平设计事务所

学社	金奖
悦榕堂	银奖
草色烟光	铜奖

◎无锡上瑞元筑设计有限公司

重庆麻神辣将	金奖
君和堂中医馆－上海徐汇店	铜奖
星曜堂	铜奖
上海哈芙琳服装科技公司	入选奖
幸福蓝海国际影城西安店	入选奖

◎广东星艺装饰集团有限公司

卓思中心	金奖
木空	银奖
木空	新秀奖

◎尺镀美学创意研究室

极白	金奖
沐谷	银奖

◎壹席设计事务所

ENJOY EDUCATION	金奖

◎佛山尺道设计顾问有限公司

自然即是家	银奖
再现青春	银奖

◎点石家装城南旗舰店

湘江壹号	金奖
安歆美域酒店	入选奖

◎ ENJOY DESIGN（广州燕语堂装饰设计有限公司）

天地艺术馆	金奖

◎北京山乙装饰工程有限公司

致青春	铜奖
原址与重生	银奖
白鹿原	新秀奖
柔合韵	入选奖
锦序	入选奖